日本整理收纳顾问官方教科书

一番わかりやすい整理入门

整理的法则

简单易懂的整理入门

（日）泽一良 著

日本整理收纳专家协会 译

U0250719

浙江科学技术出版社

图书在版编目（CIP）数据

整理的法则：简单易懂的整理入门 /（日）泽一良
著；日本整理收纳专家协会译. — 杭州：浙江科学技术
出版社，2019.9

ISBN 978-7-5341-8718-6

Ⅰ.①整… Ⅱ.①泽… ②日… Ⅲ.①家庭生
活–基本知识 Ⅳ.①TS976.3

中国版本图书馆CIP数据核字（2019）第143239号

著作权合同登记号　图字：11-2018-443号

The Mind to Declutter and Organize for Beginners: The Japanese "Seiri-Shuno" Method
Copyright © Kazuyoshi Sawa
All rights reserved.
Original Japanese edition published by Housekeeping Association
Simplified Chinese translation copyright © 2018 by 浙江科学技术出版社

书　　名	整理的法则:简单易懂的整理入门	
	一番わかりやすい整理入門	
著　　者	（日）泽一良	
译　　者	日本整理收纳专家协会	

出版发行 浙江科学技术出版社
　　　　　杭州市体育场路347号　邮政编码:310006
　　　　　办公室电话:0571-85176593
　　　　　销售部电话:0571-85062597
　　　　　网　　址:www.zkpress.com
　　　　　E-mail:zkpress@zkpress.com

排　　版	杭州兴邦电子印务有限公司
印　　刷	浙江新华印刷技术有限公司

开　　本	787×1092　1/32		印　张	6
字　　数	85 000			
版　　次	2019年9月第1版		印　次	2019年9月第1次印刷
书　　号	ISBN 978-7-5341-8718-6		定　价	48.00元

责任编辑　陈淑阳		**责任美编**　金　晖	
责任校对　马　融		**责任印务**　田　文	

为何擅长整理的人
不会吃亏

如果我们的生活周遭只有必需品，没有其他多余物品，那会是多么简单又愉快的事。

本书正是为想学习整理收纳技巧，以及期望成为整理收纳专家——整理收纳顾问的读者所写的。

本书首先会给各位介绍不擅长整理的人的思维方式及行为模式。

各位是否觉得不擅长整理是天生的，来自遗传，或者是个性使然，因此很难改善呢？若有这种想法，那你可就大错特错了。一个人不擅长整理，其实是有原因的，只是大部分人都不曾察觉。我们可以假设这里有一个无形的栅栏，人之所以能够跨越真实的栅栏，是因为知道前方有栅栏，即因为看得见的关系，但无形的栅栏会在你浑然不觉的情况下阻碍身为跑者的你，因为看不见，所以无从应对。不知道妨碍自己整理的原因是什么，自然无法解决问题。

本书将教各位如何看见这个"无形的栅栏"，带领各位从根源上找到问题的核心，顺利地解决问题。在此之前要请各位记得，即便看到了"栅栏"，"栅栏"也不会就此消失。不过无须担心，通过阅读本书，各位将学会跨越或避开"栅栏"的方法，习得整理收纳的技巧。

只要学会整理，生活环境就会变得更加舒适。做个擅长整理的人，便能享受人生。

只不过是学会整理而已，效果真有这么夸张吗？不擅长整理的人容易出现人际关系方面的问题，而且其工作效率也不高。反之，学会整理将会给各位的人生带来巨大的影响。

很多人之所以迟迟无法在整理这件事情上付诸行动，是因为不明白整理对我们而言到底有何实际效果。

以工作目的为例，每个人的工作目的可能各不相同，但首先应该都是为了生存，维持生计。只要清楚地明白工作的好处，尽管一大早起来去上班会让人感觉很痛苦，但大部分人还是会乖乖地出门上班。

本书就是要告诉各位，整理其实和工作一样会给人带来许多好处，反之，不整理则会造成许多损失。本书将为各位一一剖析整理与不整理的各种利弊。

此外，书中还会介绍一个新的整理概念，那就是"了解自己的整理能力"。只要知道自己目前的整理能力大约在哪个程度，就能知道最终目标该设在何处，就会更有动力来学习整理。

为了让各位掌握整理的本质，本书还会进一步说明物与人之间的关系。

现代人购物频繁，家中物品不断堆积，在这个"物满为患"的社会，垃圾不断暴增。生活富裕了，但面对这么多物品，该怎么生活似乎又成了另外一项课题。

远古时代物资稀少，自然无须整理，或许连整理的概念都没有。

本书认为现代的物与人之间的关系，就像人与人之间的关系一样，都是紧密相连的。因此，本书将剖析人对物所抱持的特殊情感，并让人思考如何更妥善地处理好物和人之间的关系。

在学习整理技巧之前，先请各位摆脱对整理的固有观念，重新看待整理。

若像无头苍蝇般胡乱整理一番，是无法达到整理效果的。想要学会正确的整理技巧，必须先对整理时该有的心态有正确的认识。

请各位先回想一下之前的整理方式，以及整理时的心情。乍看之下这像是在绕远路，但这个步骤其实是在短时间内学会整理的最佳途径。

学会整理之后，你的下一个目标就可以是成为整理收纳专家——整理收纳顾问。对不擅长整理的人而言，整理收纳顾问可谓其重要的心灵支柱。若各位愿意为了这些人迈出下一步，成为整理收纳顾问，解决他们的烦恼，便能让这些不知该如何整理的人重拾笑容，拥有更精彩的人生。

　　读完本书后，各位若能对整理有正确的理解，便能从家或工作场所里成堆的物品中，分辨出非必需品，挑选出真正需要的物品，过上愉快舒适的生活。我由衷地期盼本书能够协助各位在生活及工作上都更上一层楼。

加入整理收纳
顾问行列吧

整理收纳顾问认证制度是由日本整理收纳专家协会制定的整理收纳技能认证制度。

家务一向是家庭生活中不可或缺的重要事务，但其劳动价值不明确，故从未获得正确评价。如今，越来越多的人认为家务劳动应该被视为正当劳动，并致力于提升家务劳动社会价值。这也成为用来提升主妇地位的相当重要的一项课题。

目前，人们已经积累了很多用来提升家务质量的经验，为了让这些信息被多个家庭共享，不再局限于一个家庭，人们普遍认为有必要将家务劳动视为一门专业。

日本整理收纳专家协会正是在这样的时代背景之下，为培养普遍性的家务技能人才而成立的。

具体来说，日本整理收纳专家协会的目标为培养专业家务人才，将家务技能活用于社会，开发家政服务等职业类别，提升家务劳动经济价值，对家务劳动的工作内容给予新的评价。

为此，日本整理收纳专家协会设立了整理收纳顾问认证制度。想要取得该协会颁发的整理收纳顾问证书的话，需参加该协会开办的整理收纳顾问专业认证课程并通过考试，课程分为1级和2级※。

2级课程旨在提升个人综合性整理收纳能力。而1级课程则以更专业的角度，让学员具备更多的整理收纳技能，并可以用这个技能就业。

取得日本整理收纳专家协会的1级证书后，学员便能

※：本书是整理收纳顾问2级认证官方教科书，准备1级认证考试时也可使用。

作为专业顾问，为家庭、企业提供整理收纳服务，或是担任整理收纳顾问讲师。

如今，日本少子老龄化趋势愈发显著。由于人口出生率下降，各类新的高水准的教育随之诞生，与整理收纳相关的儿童教育项目更是备受关注。此外，随着老龄社会的到来，老年人的整理意识逐渐提高，导致家庭内部整理的必要性显得更为突出。再观企业环境，伴随着劳动人口的剧减，如何提升个人工作效率成为当今时代最亟待解决的一项课题。而针对该课题，整理收纳技巧同样不可或缺。

近年来，随着整理收纳顾问的社会知名度的不断上升，相关专业人士能够学以致用的机会不断增加。从职业类型来看，其选择机会很多，如成为专业打造舒适、整洁的居住环境的建筑领域专家，装修与室内设计领域的专家，维护住宅环境并提供指导与建议的整理收纳专家，直接承接个人整理收纳相关业务的整理收纳顾问，家政代理公司的管培负责人等。在这些职业中，整理收纳技巧的有效性已在实践中获得认可。今后，整理收纳顾问的前途还将更加光明。

　　处理好物与人之间的关系可说是生活和工作的基础，本书系统地介绍了物与人之间的关系，并与各位一同思考如何让整理收纳技巧给家庭生活和工作带来最大效益。

　　阅读本书后，各位可在家里实践书中提到的方法，这样有助于对本书内容的理解与应用。接下来便要开始介绍整理收纳的相关技巧了，让我们一起努力吧！

目 录 / CONTENTS

第1章

**明知整理的好处，
但家中仍然凌乱不堪的原因**

整理的好处　/ 002

整理是一切的开始　/ 006

不会整理的人的思维方式和行为模式　/ 009

不断囤积物品的原因　/ 010

无法丢弃物品的原因　/ 012

第2章

整理前不可不知的整理新思维

整理即区分　/ 020

物品的增加方式　/ 031

舍弃不等于随意丢弃　/ 035

物品承载着创作者的设计理念和拥有者的回忆　/ 037

慎选永久性物品　/ 043

物与人之间的关系　/ 046

第3章

整理收纳技巧的五大法则

法则1　确定适当数量　/ 063

法则2　规划符合动作、动线的收纳方式　/ 074

法则3　按照使用频率收纳　/ 078

法则4　分组收纳　/ 086

法则5　定位管理　/ 089

收纳必学重点　/ 094

整理收纳步骤　/ 098

第4章
整理收纳顾问的工作

整理收纳理论及实例　/ 106

重温五大法则　/ 106

将五大法则灵活应用于实践中　/ 111

综合运用五大法则　/ 124

收纳原则　/ 126

实例——餐厅及厨房的整理收纳　/ 140

有效的整理收纳从聆听客户的心声开始　/ 157

最终目标是让客户的生活方式更理想　/ 161

附　录　/ 163

图解整理收纳原理　/ 163

整理收纳技巧的五大法则　/ 175

整理收纳步骤　/ 176

第1章

明知整理的好处，
但家中仍然凌乱不堪的原因

整理的好处

　　整理会为我们带来什么样的好处呢？如果家中变干净了，人的心情就会舒畅，心情舒畅了就会发生一系列连锁反应，进而影响生活的各个方面，如时间、经济、精神等方面。

　　具体来说，会有什么样的影响呢？例如疏于整理的人一定会出现找东西的行为，反之，若整理得当，则几乎无须找东西。

　　假设一家公司有100位员工，每位员工一天需花5分钟时间找东西，平均成本为每小时3000日元（1日元约等于 0.06 元人民币），一年约有 200 个工作日，则整家公司的员工会浪费约 1667 小时，换算成金额，约损失 500 万日元。这也代表失去了约 500 万日元的生产力，而这约 500 万日元的损失，正是一家公司因为找东西而亏损的金额。若一开始就勤于整理，花费在找东西上的 1667 小时就可用于原本的生产性劳动。由此便可看出员工经常在找东西的公司和几乎无须找东西的公司之间的生产力差别会有多大，长此以往，它们之间就不单单只是 1667 小时生产力的差别了。

对于个人而言也是如此。A 每天都在找东西，B 几乎不用找东西，日积月累，两人的生活品质差距越来越大。

每个人可能都有过以下经历：早上要出门时一直找不到某件重要的东西，眼看上班时间快到了，只好先出门，到了公司后心中仍对那东西念念不忘，满脑子想着"要是找不到该怎么办"，一整天都闷闷不乐的，也无法专注于眼前的工作。

反之，若无任何忧心之事，便可心无旁骛地专注于工作，工作效率自然也会提升。

假日出门旅游时也是如此,有东西找不到时,便无法玩得尽兴,原本愉快的心情也会因此灰飞烟灭。

短短5分钟的时间,"找到了"和"没找到"的心理状态差异巨大。日积月累,各位的人生将会有巨大的变化。

若公司里的每位员工都处于经常需要找东西的状态,那这家公司也很难称得上是健全的。

若能勤于整理,便能减少找东西的行为,提升公司整体的生产力。

〈思考整理的好处〉

●时间效果

●经济效果

●精神效果

〈花费在找东西上的时间〉

假设100人的公司每人每天花在找东西上的时间是5分钟……

5分钟×100人×200天≈1667小时

1667小时×3000日元／小时≈500万日元

约损失500万日元生产力

整理是一切的开始

　　在各位心中，整理是否是一种"让杂乱无章的环境变得干净整齐"的行为呢？

　　因为忙于工作，我们的家总是会在不知不觉中变得凌乱。很多人认为，整理是要等家里乱了之后才不得不进行的一种善后行为。

　　但其实整理的初衷，并非单纯的善后。

　　希望各位可以试着思考一下"整理将会对自己的将来带来何种变化"。

　　一直以来，人们之所以会觉得整理很麻烦而懒得整理，是因为大家总是将整理视为一种善后行为。

如果将整理视为能够改变人生的起点，那么你在做整理时便会开心很多。只要试着改变对整理的固有观念，对整理的看法便会焕然一新，化痛苦为乐趣。

举一个将整理视为起点的例子。当我们工作不如意、人际关系不顺遂或遭遇不幸时，都会感到郁郁寡欢，觉得时运不济。

就像生病后需要吃药一样，感到时运不济时，更需要好好整顿身边的环境。乍看之下整理和时运毫无关联，但整理完后，心情便会舒畅无比，运气也会随之而来，这就是将整理视为起点的意义。

可以在每天早上开工或做家务之前，先想好"今天要扔掉哪些东西"，如此一来，物品自然会逐渐减少。

如果随时抱着"要扔掉更多东西"的想法，心情便会舒畅，心情舒畅了，便能正面看待每样事物，精神状态也能保持稳定。

不要想得太复杂，只要先试着动手整理，一定会有许多新发现。

　　实际上在日常生活中，已习惯于将整理视为起点的人几乎没有找东西的烦恼。与一天到晚在找东西的人相比，习惯整理的人的物品少之又少，故他们自然不必花费时间在找东西上。

不会整理的人的思维方式
和行为模式

　　不会整理的人总是生活在凌乱的环境中，总是会觉得心烦意乱。这也代表其家中有很多乱七八糟的物品。

　　若家中物品少，室内环境简约清爽，大多数人就会想要维持现状。若家中凌乱，迟早会变得更加脏乱，达到一定程度后，便会一发不可收拾：物品越堆越多，会不想回到这样的家，开始抗拒整理，甚至想逃之夭夭。不会整理的人，经常生活在这样的环境中。

　　不会整理的人经常会有"不断囤积物品"和"无法丢

弃物品"的烦恼。下面将具体剖析不会整理的人的思维方式和行为模式，大家可以一起跟着看看当中是否也有你存在的问题。

不断囤积物品的原因

◆ 占有欲作祟

虚荣心和"别人有，自己也要有"这种不想落后于人的心态，会加强人的占有欲。

例如周年庆赠品，明明不是自己需要的东西，仍去排队领取，这就是占有欲在作祟。通常回家打开后会发现，里面只不过是个没什么品位的烟灰缸。

它既然是赠品，理所当然就不会是高级品，但其吸引人的关键是它被放在盒子里。当人看到装着赠品的盒子时，会感到好奇，想一探究竟，想看看里面到底装了什么，明知将它带回家后会变成垃圾，但仍抵不过当下的好奇心。若商家一开始就直接亮出一个普通的烟灰缸，大概就没有人会想要了吧。

如此普通的烟灰缸之所以能够成功进入家中,原因就在于各位的心理。为了预防此现象,奉劝各位今后领取赠品时,就算厚着脸皮也要事先确认盒子中装的是什么。

◆ 追流行

喜欢追流行是容易堆积物品的人常有的毛病。各位可曾想过追流行买下的物品之后的处境?通常这种为了追流行而买下的物品生命周期非常短暂,很快就会被弃。请各位务必牢记此规律。

◆ 贪小便宜(置换心理)

一到过年买福袋的时候,百货公司周围便会开始大排长龙。仔细想想,购买不知里面为何物的福袋,其实是件相当没必要的事,那为什么还会有人不惜大排长龙也要购买福袋呢?

答案是"他们以为买的是福袋内的商品,其实是在买一种'用1万日元就可以买到10万日元商品'的划算感"。人就是有这种"贪小便宜"的习性。

各位是否有过这样的经历？看到超市宣传单上的特价商品，就会忍不住多买一些。

可是这些特价商品顶多只会便宜5~10日元，那为什么还是会有人想买这些特价商品呢？

这就是人类特有的"置换心理"，与商品本身无关，有时你会对买到手的这类物品毫无兴趣。其实人真正的目的是通过购物行为来满足贪小便宜的心理。

无法丢弃物品的原因

◆ 迷信

有些人认为洋娃娃或人偶是有生命的，不可以随便乱丢。这其实只是一种迷信思想。

若有这种顾虑的话，日本其实有可以供养这类物品的地方，担心的人可以先找找周围有没有类似的地方，再与娃娃们道别。

◆ 错误的教养观念

战争时期物资缺乏,经历过那个年代的人总是被教育要爱惜物品,很多人会误以为这是不能丢弃物品的意思。

可是丢弃物品是整理过程中相当重要的步骤之一,爱惜物品不等于不能丢弃物品。丢弃物品也不代表不懂爱惜物品,无法做到物尽其用才是真正的不爱惜物品。

◆ 物品还没坏

一般来说这类物品是指还可以使用的电器。

以电脑为例,各位家里是否还有10年前的旧电脑?虽然它还可以启动,但已没有人在使用。

根据调查,家中闲置的电脑全日本竟达数百万台,若同时丢弃这些旧电脑,日本目前没有一个废弃场有这样的处理能力。这个问题虽然鲜为人知,但俨然已成为社会的一大隐患。鉴于此状况,各大厂商已开始提供替换电脑内部配件以提升功能的服务,但仍追不上这类"垃圾"增加的速度。

那为什么家庭电脑会这么难被丢弃呢？原因在于它们还能用，特别是近期生产的电脑，有些人会觉得还没物尽其用，所以还舍不得丢。

电视机也是如此。最近液晶电视机盛行，早期购买的电视机纷纷遭到淘汰。

但有些已经购买了液晶电视机的家庭，仍然保留着以前购买的传统大型电视机。

有些卖液晶电视机的商家已经推出了以旧换新的方式来回收传统电视机，但还是有很多家庭没将传统电视机送去回收，因为他们觉得传统电视机还没坏，舍不得丢。

同理，吸力较弱的吸尘器、老旧的收音机等，虽然现在都已经不再使用，但因为按下开关后或许还可以启动，所以仍被保留着。这类今后不知还会不会使用的物品，最好全部归为非必需品。

◆ 物品没有缺陷（还很完整）

某些物品还很完整时，人们也会很舍不得将它们丢弃,陶瓷器便属于此类。

　　例如咖啡杯的杯盘组合,尽管杯子已经破了,但有些人始终舍不得扔掉剩下的盘子。

　　原因是盘子没有任何缺陷。倘若它有一点点裂痕,可能就会被人毫不留情地丢弃。每个人都有想保留完整物品的心理。

◆ 过度重视人情

　　别人送的物品便属于此类。

　　旅行时购买的纪念品,承载着令当事人印象深刻的回忆,但获赠纪念品的人因为没去旅行,所以几乎感受不到其价值。

　　尤其是新郎、新娘在新婚旅途中购买的海外纪念品。刚结婚时,可说是人生最幸福、最甜蜜的时刻。这时选的纪念品,通常承载着满满的幸福回忆,但获赠纪念品的人大概只能感受到其十分之一的价值。整理这类物品时,一旦脑海中浮现送礼人的脸,就会不丢扔弃其送的纪念品,而送礼的当事人几乎不会注意到这一点。

◆ 物品很小

女性的首饰便属于此类。经常有女性弄丢成对耳环中的某一只，却始终无法将留着的那只耳环扔掉。

若是体积庞大的物品，反而会因为摆在房间里太占空间，被人毫不犹豫地丢弃。因此，物品大小也会影响扔与不扔的决定，这对整理而言并非好事。

无论是耳环还是大钢琴都属于物品，拥有这种认识很重要。

无论物品大小，用不到的东西就该学会"放手"。

◆ 不知丢弃方法

最近中国的资源回收法越来越严格，恐怕今后关于分类的规定也会越来越复杂。

各位家中是否有不知道该如何丢的废弃物呢？或是因为要花钱，或是因为废弃方法太麻烦，只好将它们继续摆在家里。

◆ **高价物品**

这可以说是无法丢弃物品的第一理由。

因是高价物品,很多人通常会舍不得扔。

这与它还会不会被派上用场无关。例如一些衣服,可能已经穿不下或不再流行,但人们通常还是舍不得将其丢弃。

将昂贵的衣服摆在衣柜里好几年,只会积灰尘、遭虫啃食而已,这对你不会有任何好处,反而需要你花费更多时间来保养这些物品。

〈找到家中凌乱的原因〉

●平常买东西和扔东西的方式无形中会影响整理。

●观察自己买东西和扔东西的方式。

●意识到"人对物的特殊情感会让我们难以整理"。

第2章

整理前不可不知的

整理新思维

整理即区分

　　首先我们来思考物品增加或减少的原因。原因很简单，购买或接收物品，物品就会增加；丢弃或送出物品，物品就会减少。

　　我曾拜访过一个普通的三口之家，计算了他们家的物品数量。他们家总共有3000～4000件物品，这是一般正常家庭会有的数量。

　　之后我又拜访了一家东西偏多，只能将多余物品堆在地板上的家庭，发现这个家庭居然有5000～7000件物品，比前面一家多了近一倍。

　　假设一个成年人平均只要拥有 1000 ～ 1500 件物品便能正常生活，而后面这家平均一个人拥有 2000 ～ 3000 件物品。在这么多物品的包围之下，这家人注定只能过着杂乱无章、物满为患的生活。

　　更令人困扰的是，物品还在日益增多。

　　物品会以何种速度增长呢？假设一个四口之家平均每人每天多 1 件物品，一年 365 天，全家每年就会增加 1460 件物品。也就是说，在平均一个人只要拥有 1000 ～ 1500 件物品便能正常生活的情况下，一年增加 1500 件物品就相当于家中多住了一个人。

　　大家都知道生活在这个物资充足的年代，整理本来就不是一件容易的事，物品会在不知不觉间堆满整座房子。若无法学会可适应现代社会的整理技能，生活就很容易被物品打乱。

　　可是有不少现代人却浑然不觉，整天将金钱浪费在购物上，将时间耗费在维护物品上，过着受物品制约的被动生活。离开人世之后，他们又将这些负面遗产留给子女，荼毒下一代。

只要我们不脱离对物品的执念，不改变对物品的看法，便无法减少家中的物品。

现在是时候来好好整顿一下这种受不断增加的物品影响的生活了。整理，简单地说就是清除不必要的物品。

总有人觉得整理很麻烦，老是找一堆借口来拖延，如工作太忙、天生不适合整理，把责任都推给时间和性格。但实际上，问题的根源不在此。

其实造成家中凌乱的根本原因，是房子里的"笑脸"。"笑脸"是什么呢？这是日本整理收纳专家协会的独创概念，意指存放于家中的非必需品。

因此，欲将家里整理干净，最快的方法便是减少"笑脸"。

为了让每个人都能轻轻松松学会整理，日本整理收纳专家协会创建了一种整理新思维，尽可能以非强制的方式带领大家正面理解整理的意义。用"笑脸"象征杂乱的源头，可加深学员对非必需品的认识，也可以单纯解释为"笑脸"是在调侃不会整理的人。

图2-1中的方块代表各位生活和工作中的必需品，笑

脸代表非必需品，这张图展示了整理第一阶段的状态。

在第一阶段，必需品和非必需品交错混杂，杂乱无章。

请各位想象一下，若家中的所有抽屉及其他收纳空间都如此凌乱，我们怎么可能会以愉快的心情将它们整理干净？

有些人可能愿意打开抽屉，决定好好整理一番。但没想到——拿出抽屉里的物品后，竟开始陷入回忆，想起自己拥有这些物品的情景或原因。结果还没整理好，便已感到疲倦，于是又将拿出来的物品放回抽屉。各位是否有过类似的经历呢？这个抽屉所呈现的就是第一阶段的状态。

前面提到的无形的"栅栏"其实就是这些"笑脸"的始作俑者。它让家中的物品数量有增无减，并在无形当中阻碍我们进行整理。

那我们究竟该如何减少"笑脸"呢？其实方法非常简单。

接下来就以抽屉为例来教大家减少"笑脸"。

首先，请将报纸铺在地板上，再将抽屉里的物品全部倒在报纸上。

接着，将常用的物品放在右侧，几乎不使用的物品放在左侧，然后只要将右侧的物品放回抽屉里就算整理结束。

图中的笑脸代表非必需品。在此阶段,必需品和非必需品混在一起,物品不易查找。

图2-1 第一阶段

　　至于左侧的物品该怎么办呢？后面会再详述。不需要勉强自己将它们丢掉，可以先收着。

　　现在我们已经将右侧的物品全都放回抽屉里了，这时的抽屉就会呈现如图2-2所示的状态，这就是第二阶段的状态。

　　到了第二阶段，不仅"笑脸"消失了，留下来的物品也自动排列得井然有序。将不需要的物品清除之后，原本杂乱无章的环境自然而然就会变得整齐划一，抽屉里的物品数量也能一目了然。

　　换言之，将常用的物品放回抽屉后，抽屉中自然会形成一种新的秩序。

　　只要动手试过一次就会明白，整理抽屉其实无须大费周章，只要把常用的物品归位，抽屉自然会恢复秩序。

　　请再看图2-3，这是第三阶段的状态。进展到第三阶段，已经可以看出抽屉里只有四种物品，可以确切掌握抽屉中的物品种类和数量，而且其他物品不易混入其中，就算真的出现其他物品，它们也会很快被清除，不会造成整体凌乱。

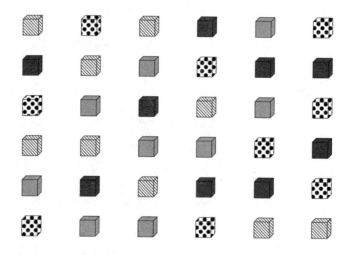

这时已经没有笑脸（非必需品）了，只是物品还未分类，但比第一阶段有条理多了。

图2-2 第二阶段

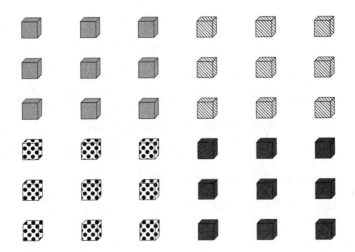

到了第三阶段，所有物品已按照使用目的、使用频率和使用时期进行区分，每件物品的位置一目了然，种类和数量也都能轻易识别。

图 2-3　第三阶段

整理时可用这三个阶段来评判目前的整理状况。

在最初的阶段，因为受"笑脸"的阻碍，无法顺利整理。想从第一阶段上升至第二阶段，必须清除这些"笑脸"（非必需品），这时的首要任务就是区分必需品和非必需品。至于其区分方法，后文中会做详细说明。

那么，如果想从第二阶段晋升到第三阶段该怎么做呢？首先，必须将物品按照使用目的进行区分。

读到这里想必各位都已经明白，整理其实就是区分，只要能够学会区分技巧，整理能力自然会得到提升，不会区分就不会整理。因此，是否擅长整理的关键在于是否具备区分技巧。

有些人认为整理需要天分，觉得那是与生俱来的个性或才能，但其实整理需要的是技巧，因此只要通过训练，人人都能学会整理。

教孩子整理时，也可运用此方法。很多家长会凶巴巴地命令孩子把东西收好，却不先教他们了解整理的基本概念，只是一味地叫他们收拾，这样是不会有任何效果的。孩子只会在挨骂的瞬间，将东西全部塞进壁橱里，不到15

分钟，又会恢复原状。这根本称不上整理。

为什么会有这样的现象产生呢？因为孩子会误以为家长口中的"把东西收好"是指把东西塞进看不见的地方。

因此，教孩子了解正确的整理概念很重要。教的方法非常简单，假设孩子的桌子上摆放了许多物品，可以先教他们将常用的东西放在右边，不常用的东西放在左边。当下孩子无法理解这一行为也没关系，我们要持之以恒地教他们，千万不能以命令的口气要求他们把东西收好。

这里最关键的点在于要先教会孩子区分东西该放在右边还是左边。理解后他们自然而然就会知道左边是不常用的东西，渐渐地就不会把不常用的东西放在桌子上了。

若桌子上一直乱七八糟的，孩子当然无法学会区分技巧。到现在还有很多人以为所谓的"收拾"，就是把东西塞进看不见的地方。

其实不然，我们之所以需要整理，是为了让物品方便取用，绝对不是为了把东西塞进去。"收纳"一词也请以"让物品处于方便使用的状态"来理解。由此思维出发，你们便会发现整理收纳其实是相当积极、正面的行为。

从国际家务能力评判标准来看,日本家庭主妇的家务能力普遍不高,其在国际上的评价很低。哪个国家的主妇评价算高呢?答案是德国。德国主妇看到日本主妇做家务的样子后,说了以下这句话:"日本的太太就是因为老是在收拾平常不太使用的东西,所以才会这么辛苦吧?"那德国主妇都在收拾什么呢?答案是常用的物品。那不常用的物品呢?其实德国人家中根本就不会出现不常用的物品。这样讲或许太极端了,但从中可明显看出整理的本质。

现在,我想各位已经非常了解整理的基本概念了。总之,整理就是区分必需品和非必需品,物品要按照使用目的、频率、时间、地点来区分。

物品的增加方式

　　由图 2-4 可知，家中物品数量最少的时候，是在刚搬家时。之后物品将会不断增加，若置之不理，日积月累，物品将堆积如山。若这是一张经济发展图的话，那该有多好！

　　如图 2-4 所示，随着时间的流逝，物品数量越来越多，屋内剩余空间越来越小。以正常情况来说，若在此过程中察觉到家中物品过多，尚可给物品减量，调整家中物品数量，但若一直浑然不觉，物品数量将会多到不可收拾的地步。

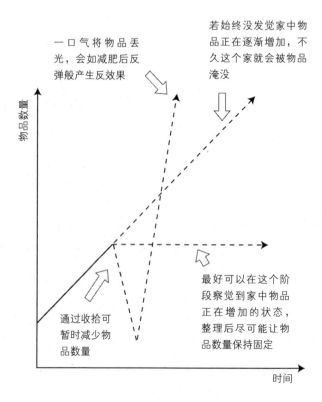

图2-4 物品的增加方式

通常整理收纳顾问遇到这么棘手的房子时，会觉得应该一鼓作气，将东西丢个精光才行，但这样的做法，其实效果并不显著。

如同减肥，一口气减掉太多反而容易反弹，若在短期内大量减少物品，没过多久物品就又会大量增加。

通常物品是在每天的累积之下逐渐增加的，就像我们的体重，不会哪天醒来突然就胖了 10 千克。

或许有些人在阅读本书的过程中，会突然想将不需要的东西一口气丢个精光，但在此我要提醒大家，千万不要一次丢完。

我曾遇到过一位学生，上完课后第二天突然来电说她把鞋柜里的鞋全部丢光了，其声音听起来还很得意的样子。可是，之后她该穿什么好呢？将物品一次清光确实很痛快，但是过犹不及，矫枉过正对自己绝对没有好处。

为什么剧减物品数量不好呢？因为这时还没建立起正确的整理观念。在动手整理之前，必须先了解物品和自己的相处之道，掌握整理的本质。

物品增加大多是因为生活习惯，也就是说，我们必须先了解自己对待物品的方式出了什么问题。若不先改变这种方式，光减少物品，物品还是会如体重反弹般再度回到自己的身边。

就像发胖的人，通常是因为日常饮食习惯等有问题，若只顾着减重，不改变饮食习惯等，那也是治标不治本。尽管丢东西能令人获得短暂的痛快感，但之后心里就又会想"这下又可以买新的东西了"，而喜欢购物也是造成物品堆积的一大根本原因。

舍弃不等于
随意丢弃

　　舍弃并非指毫无计划性地随意丢弃，而是一种相当积极、正面的整理行为。

　　换言之，舍弃物品是日常生活中不可或缺的行为之一。

　　旧的不去，新的不来。假设有一个杯子，里面倒有牛奶，而且它已经放了好几天。想用这个杯子喝新鲜牛奶的人，应该不会直接将新鲜牛奶倒在里面喝吧？

　　正常人一般会怎么做呢？首先会将之前的坏牛奶倒

掉,然后清洗杯子,再倒入新鲜牛奶。

整理同样如此。只是不知道为什么,在面对物品时,大家就不想这么做了。不整理就等同于这样的行为——将新鲜牛奶直接倒入装有坏牛奶的杯子里。

因此,想买新物品时,请先丢掉旧物。假设有5套西服的人,想再买1套新的时,就必须先决定要丢掉哪一套旧西服。

可惜大多数人都会先买为快。这是多么不合理的行为!结果东西越买越多,衣柜越塞越满。

物品承载着创作者的
设计理念和拥有者的回忆

良好的人际关系，是指双方能够互相理解、互相体谅的关系。若所有人都只想着自己，人际关系就会产生裂痕。

我们假设物与人之间的关系也是如此。

过去我们总认为人可以单方面地购买、使用或丢弃物品，但如果物与人之间的关系如同人与人之间的关系的话，我们可以假设物品与人一样拥有所谓的意志和能量。

可惜物品无法像人一样说话，从哲学的角度来看，物品其实也在向人类传递能量，只不过物品是以"无声的方式在诉说"。

请看图2-5，图中从物品指向人的箭头代表了创作者的理念。物品几乎都是由人制作出来的。大家身上穿的衣服也是由某位设计师设计出来的，他们在设计时，会想象要让穿的人在某个季节、某种情境下穿上它。这样物品身上就承载着创作者的理念，这些理念都体现在物品最基础的功能里。

按照创作者的原意来使用物品，才能使物品达到其最佳使用状态。若一件衣服被放在衣橱里三年，从未被穿过，想必这件衣服的设计师也感到相当沮丧，因为当初设计师设计出这件衣服，并不是希望它被摆在一旁无人问津。因此，按照创作者的原意来使用物品，是和物品维持良好关系的方法之一。

除了创作者的理念之外，物品身上还会承载着另一种能量，即回忆。

假设这里有只平凡无奇的手表，它虽然不是价格昂贵的高级名牌表，但是十多年前某个人送的，有深刻的纪念意义，而且十多年来这只表走时精准无误，连秒针都没慢过。

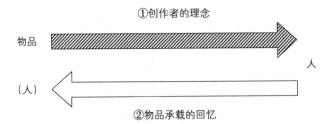

物品会对人造成影响，因此物与人之间的关系的理想状态是和人际关系一样，双方之间有"互动"。

图2-5 物与人之间的关系

看到这里,各位有何感想呢?会不会觉得这是只无价的手表呢?这是各位在听到关于它的故事后才产生的感觉,平常这只手表的主人不会有事没事就向其他人说这个故事,因此这个故事只属于这只表和它的主人。

人际关系中,也有很多只有朋友和自己知道的事情,同样的,物与人之间或多或少也会有一些专属回忆,现在各位戴的眼镜、使用的钱包和穿的衣物都是如此。

于是有一天这只手表坏了,拿去钟表店修理时,老板会说"与其修理,不如直接买一只新的",但手表的主人却无法割舍这只手表。

因为这只手表承载着"戴了十几年"和"某人赠送"的回忆。

这些回忆会让人对物品产生更强烈的情感,一旦产生这种情感,尽管手表已经坏了,手表的主人仍然会舍不得将它丢掉。

各位身边是否也有这类承载着强烈情感的物品呢?尽管它们已经丧失创作者的本意和原本的功能,我们仍然舍不得将它们丢弃。

物品身上承载着的回忆以及强烈的情感,都可能让人误以为这些是物品原有的创作理念和功能。这样的想法有好处也有坏处，但是请各位牢牢记住，这些情感会对我们的整理方式产生巨大的影响。

通常回忆源自人和物之间的故事，但有一样东西从一开始就承载着满满的回忆，那就是照片。

自从数码相机成为主流相机后，人们已经不用像以前那样在意相片的收纳，但还是有很多人会将照片洗出来收藏。

观察拍照片的人，我们会发现一个有趣的现象。通常人们外出旅游拍大合照时都很喜欢说："再来一张！"是的，通常都不会只拍一张，而是两张，但实际上只需要拍得比较好的那一张，也就是说，拍得比较差的那张是不需要的。而且似乎很少会有人立刻将拍得比较差的那张丢进垃圾桶里，那么那张拍得比较差的照片去哪里了呢？

有些人会说"等老了以后再整理"，或"要留着当晚年的乐趣"，但坦白说，这样的人不管多少岁都不会去整理。连现在都无法整理，很难想象他们老了之后会突然想整理。而且各位的晚年应该不会有这般闲情逸致，到时候应该会有更多乐趣在等着大家，那时可能又会拍很多新的照片,根本无暇整理这些旧照片。

那这些照片的下场呢?通常是在当事人离世之后被其家人处理掉。

现在的年轻人可能还无法想象自己离世后的状态,但人到七八十岁的时候,就会开始思考自己的余生,就会开始在意该如何处理这些身外之物。

有些人离世之后留下堆积如山的遗物,结果就需要其子女来收拾,这将是一个相当浩大的工程。若听到自己的孩子一边清理一边抱怨:"为什么妈妈要保留这么多废物?"各位恐怕在黄泉之下,也会相当懊悔自己生前没丢了这些东西吧。

看到这里,想必各位都已经了解了整理的重要性。不只照片,每件不该留下的东西,都应该被毫不犹豫地丢掉。若始终不理不睬,这笔账终将会在几十年后找上门来,那时就轮到自己的孩子头痛了。

整理除了对自己有影响之外,也会对身边的人造成很大的影响。有些物品承载着回忆,这些回忆会阻碍我们整理,照片便是具有代表性的例子,但神奇的是,只要我们能先意识到回忆的存在,那就连照片也能轻松舍弃。

慎选永久性物品

　　永久性物品的定义为购买后便能长久使用的物品。很多人以为昂贵物品才属于此类，但其实指甲剪也属于永久性物品，因为不会有人觉得它用过一次就脏了而每天换新。还有放在门口的鞋拔子、电饭煲上的饭勺等皆为永久性物品。

　　可是有些人家中却会出现好几个指甲剪和鞋拔子。有些是赠品，有些是在小店里看到并觉得它很可爱而买回来的。如果不克制将它们带回家的行为的话，就永远无法将家中整理得干净整齐，因为这些永久性物品一旦进入家中，通常不会减少，也不会损坏，只会一直占据家里的空间。

预防永久性物品增加的方法，就是购买有特殊价值的物品。所谓有特殊价值的物品，是指对自己而言偏贵或是造型特别令人喜欢的物品。如果物品不够特殊，或者是因为前文所述的"置换心理"而购买的，那么相同的物品就会不断增加。

试着提升物品的价值，将物品当成至宝来使用吧。

有了这种想法，就能抑制自己想再买新品的欲望，会觉得"家中已经有一个很好用的鞋拔子，不需要再买新的了"。

若能随时"拒绝"物品进入家中，将来就不需要丢弃物品，也没必要整理。如前文所述，道理相当简单，只要家中没有增加新物品，自然无须整理。

只是对于这么简单的事，很多人却出乎意料地做不到，他们总是会在不知不觉间收下物品，或看到便宜货就忍不住要购买。人的意志力之所以无法抗拒这些物品是有原因的。

比如，当一个人想不起来现在家中用的是什么样的饭勺时，就会忍不住添购新的。

　　因此，购买这些永久性物品时，建议慎重挑选，精心挑选之后，便能长久爱惜使用。更加深刻地懂得珍惜物品，也是整理的好处之一。

物与人之间的关系

　　我们将物与人之间的关系画成了一张关系基本区域图，并将它划分为四个区域，详见图2-6。

　　第一个区域称为活跃区域，该区域的物品会被频繁使用，会被使用者按照创作者的原理念来使用，物品的基本功能会得到充分应用。

　　前面提到的有故事的手表，便是活跃区域的代表之一。类似人际关系，该区域的物品与人如同好友，双方互动相当频繁。

图2-6　物与人之间的关系基本区域图

　　可是，无论你多么喜欢和某件物品，如某件衣服互动，也不可能一直穿着同一件衣服。你应该还有很多衣服可以穿，偶尔也会想换一种造型或心情。

　　这时，没穿在身上的那些衣服就会被收进衣柜里。像衣柜这种区域就被称为备用区域。

　　备用区域的物品处于随时可以使用的状态。为了让衣服可以随时拿出来穿，必须将衣服收在随时可以取出的地方，这样就不会找不到衣服。

　　不知道放在何处、不动手寻找便无法立刻使用的物品的所在区域，为图2-6中的拥有区域。

　　拥有区域的英文为property，这里意指拥有这件物品，但它未能发挥其功能。

　　也就是说，虽然你拥有这件物品，但它并不处于备用状态。而这块拥有区域，还会不断增大，对此本书将在后面做详细说明。

　　拥有区域还有一个更为严重的问题。请各位闭上眼睛，试着回想一下自己家壁橱上层、衣橱或者储物间的最深处摆放了什么物品。可以悉数回想起来的读者已经领悟了整理收纳的真谛，但大多数人应该已经忘了里面到底收了什么。如今房价相当高，鲜少有人会觉得房价便宜，但仔细想想，房价付的其实是这些空间的费用，在这么珍贵的空间里，你能允许出现无法掌握的黑洞空间吗？出现黑洞空间才是真正的浪费。

平时若对拥有区域不加以注意的话，据说它将会占据60%以上的收纳空间。此言不假，现在大多数家庭中的物品真的太多了，因此就算减少60%的物品，也不会妨碍生活。

可是一般人在整理时，都不会想要减少收纳空间，反而认为东西变多的话再买一个柜子就好。因此，在买柜子之前，建议各位先试着努力减小拥有区域，不过这个过程中需要一些技巧。

不会整理的人不能理解拥有区域的存在，他们会误以为所有收纳着的物品都处于备用状态。

第四个区域为废弃区域。该区域的物品已经不会再使用，等待被丢弃，成为俗称的垃圾。换句话说，就是该区域的物品已经丧失了基本功能，"无法按照创作者的理念来使用"。例如破旧的衣服、坏掉的吸尘器皆属于废弃区域的物品。

根据物与人之间的关系,基本上所有物品都能划入这四个区域中的一个区域。

虽然在图2-6中,每个区域的大小相同,但实际上却会因人而异,而且我们能从中看出每个人对待物品的习惯和方式。然后据此,可设定每个人的整理目标。

接下来请看具体的物与人之间的关系。

◆ 第一种模式:活跃区域最广——生活中只有必需品的简居派

首先是活跃区域最广的第一种模式(图2-7)。

这种模式的人总是很积极地使用物品,生活和工作中也表现得很活跃,工作效率高。其物品数量为所有模式中最少的,他们过着简居生活,几乎不需要找东西或收拾东西,即使偶尔需要整理物品,效率也极高。

这种模式的人的最高境界是什么呢?即其身边只有生活必需品,几乎没有其他杂物。或许有人会问,那是指勤俭持家的人吗?不是,他们和勤俭持家型又有些许不同。

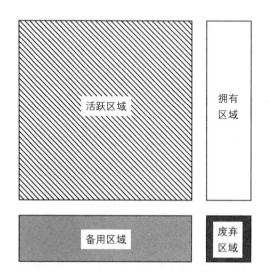

活跃区域最广。不被频繁使用的物品数量较少,备用区域也很小。

这种模式的人生活效率非常高,生活方式简单,整理水平高,能轻松搞定整理工作。

图2-7 第一种模式

　　哪里不同呢?第一种模式的人身边只会保留生活必需品,会毫不犹豫地丢弃不再使用的东西,并添购需要的物品,其身边物品经常在更新换代。

　　每个家庭的生活方式千变万化。例如,家中有小孩的家庭,因为孩子成长迅速,其2岁时穿的衣服到3岁时就不能穿了,那么这些不能穿的衣服该怎么办呢?

　　大多数父母会将这些衣服收起来,以备之后再生小孩时可以拿出来穿,或是留给邻居、朋友的小孩。因为他们觉得新买的衣服只穿了那么几次就丢掉,实在太浪费了。

　　对于这些衣服,第一种模式的人丝毫不会留恋。他们会将不能穿的衣服全都丢出门外,并会不断添购之后需要的衣服。其物品不会囤积,不断更新,这就是第一种模式的人的特征。

　　由此可见,这种模式的人与勤俭持家型不同,而且他们会坚守"不囤积无用之物"的原则,因此购物时会慎选价格昂贵的物品,以免没用多久就得丢弃。

　　因此,活跃区域较广的第一种模式的人,过的绝对不是勤俭持家的生活。他们只是不会购买非必需品,家中也不会有多余的东西，其生活相当简约。这种模式的人花费在整理上的时间很少，其整理能力相当强。活跃区域最广的模式可说是相当理想的模式。

◆ 第二种模式：备用区域最广——让物品处于随时可以拿出来使用的状态

第二种模式（图2-8）也可以是我们的目标。这种模式的人爱惜物品，同时希望可以减少浪费，很多人认为第二种模式比第一种模式更理想。

很多会保留孩子小时候衣物的家长就属于这种模式的人。这些衣物不会被闲置在一旁，而会被放在随时可以拿出来的地方，因此他们只要一听到邻居的孩子长大了，就可以立刻翻出合适的衣服送给邻居。

由此可见，这种模式的人相当擅长管理，和第一种模式的人相比，第二种模式的人比较接近勤俭持家型，非常爱惜物品。这也是我们可以作为目标的模式。

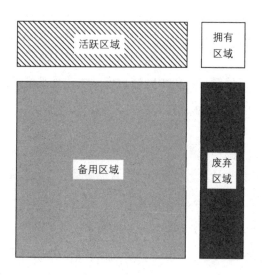

备用区域最广,该区域的物品管理有序,处于可立即使用的状态。

这种模式的人整理能力及生活能力都强,且拥有较多物品,但需要足够的收纳空间及高超的收纳技术。

图2-8 第二种模式

只是第二种模式的人□□一个问题，那就是其备用物品的保留目的渐渐模糊。有□□他们保留物品只是因为自己的坚持，其家中很有可能□放一堆已经用不上的物品。若衣服恰巧适合邻居家的孩□还可以转送，但若不合适，自己也未必会再生下一胎，□□这些衣服该怎么办？类似这类问题就是这种模式的人□注意的问题。

第二种模式的人□有高超的整理收纳技术，但因为拥有的物品数量较多，□花费在整理收纳上的时间也多，从成本上来看，有时他□会更加浪费。其中还有些人过于沉迷填塞物品的技术，□□想从中获得满足感，这样的人应该要有所警觉了。

◆ 第三种模□：拥有区域最广——物品被放在家里，却处于无法立刻拿出来使用的状态

第三种模式（图2-9）并非理想状态，拥有区域非常广，物品非常多，却未被好好整理。这种模式的人当务之急应该是减少物品数量。

这种模式的人因拥有的物品数量过多而难以掌控，收

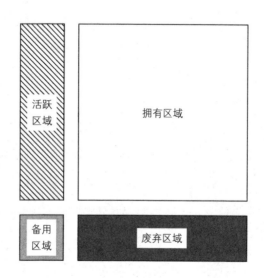

拥有区域最广,拥有的物品很多,但未经整理。

这种模式的人拥有物品的目的不明确,当务之急是减少物品数量。

图2-9　第三种模式

东西时也只会将物品塞入收纳空间，导致拥有区域不断增大。一旦陷入此状态，便难以脱离，收纳空间会变为死空间，甚至有人会因此逃避整理。

这种模式的人由于不懂得如何解决根本性问题，不知道物品必需与非必需的区分标准，看到物品不断囤积，只能一味添购收纳柜或租借仓库，不断耗损收纳成本，而放不进收纳空间的物品只能被堆在地板上或房间里。一旦物品开始失序，整个环境就会变得越发不可收拾。

◆ 第四种模式：废弃区域最广——完全不丢东西的类型

第四种模式（图2-10）的房子非常罕见，也就是俗称的"垃圾屋"。这种模式的人和物品的互动极少，生活缺少活力。

各位在制定物品必需和不必需的区分标准时，看到还可以用的物品是否会想保留下来呢？很多人都觉得物品还可以用就是判定物品为必需品的标准。但若以"还可以使用"为由而留下物品，那第四种模式就离你不远了。

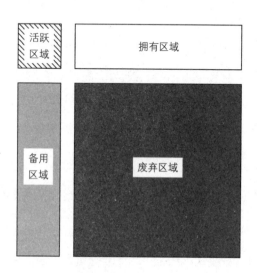

废弃区域最广,屋子里堆满了垃圾。

这种模式的人与物品的互动少,生活缺乏活力。

图2-10 第四种模式

在整理收纳顾问的眼里，必需品的判定标准为物品仍在被使用，不再使用的物品全都是非必需品。

尽管这件衣服还能穿、这台电视机还能看、这台收音机还能听，但只要以后它们不再会被使用，那就没必要将其留在身边。

判定物品必需和非必需的标准非常简单，那就是某一期限内物品会不会再使用，而且要将这一期限设为 1 年，1 年内若确定会使用，那这件物品对各位而言就是必需的。除此以外，只穿过一次的衣服也算是非必需品（即图2-1中的笑脸）。

如果直接将非必需品扔掉，各位多少会觉得舍不得，因此不需要立刻将它们扔掉。那应该怎么处理这类物品呢？这将在后文做详细说明。

第3章

整理收纳技巧的五大法则

　　物品本身并不能直接发挥功能，唯有在人的使用下，其功能才能得以发挥，因此本章节介绍的五条法则都是在人使用物品的前提下制定的。

　　现在各位已经充分了解了前面章节中提到的整理阶段和基本区域图的概念，接下来我们就来学习具体的整理技巧，每实践一条法则，就能让环境变得更加整齐，所以请务必认真学习。

法则 1
确定适当数量

这个法则非常有效，请各位务必试试。在家整理时，请先确定家中物品的适当数量。

所谓的适当数量，就是指符合每个家庭成员生活方式的必需品数量。

◆ 衣物——每个季节保留一周的衣物

各位可曾想过冬天需要几件毛衣才够穿吗？想必很少有人深思过这个问题，所以每当在店里看到新商品时，就会毫无节制地购买，回过头来才发现家中衣物已经堆积如山了。

上班族应该都会有套装或西装外套。

那要有几件才适当呢？男性可按照季节——春、夏、秋、冬各留5件，正好是周一到周五5天的量。先暂定一个数字即可，这里的关键是要亲自确定。以前做讲座时曾有人希望我告诉大家这个适当数量的确切数字，然而实际上这个数字并不重要，亲自确定才是关键。

必须在自己的心里制定一个规则，即确定这个适当数量，一旦确定只保留5件，之后就必须切实遵守。因此，想要添购新衣服时，一定要先丢掉1件。养成这个习惯后，除非看到品质更佳的衣服，否则便不会想添购新的。

可是品质好的衣服通常会比较贵，这样不是很浪费钱吗？其实不然，比起纯粹为了解压而跑去特卖会场疯狂血拼，整体来看，这样做其实更能达到省钱的目的。

切忌省小钱花大钱。一旦养成这个整理习惯，今后购物时便会事先确认价格和品质，想买什么品牌时也会事先查好商品相关信息，以免买到差的物品。

甚至还有一些对穿着打扮不太在意的人，在学会这项整理技巧后，因为慎重购物，对衣物也有了更多的认识。也就是说，整理还能促使人思考物品的本质。

此外，整理还会促使人在购物时就考虑未来将它们丢弃时的处理方式。这样我们就会尽量购买容易处理或是回收价值高的物品。

购物方式改变不仅能避免物品增加，还会在很大程度上影响人们的生活方式及其对物品的看法。

当我们能够有意识地预防物品增加时，一定也能从物品身上获得更多正面启发。

◆ **餐具——制定标准，不用的餐具就要舍弃**

一年用不到一次的餐具，可以不用留在身边。

首先将餐具分为常用和不常用两类，然后将常用餐具放回橱柜。仅仅是这么简单的一个步骤，就能让橱柜看起来整洁很多，这时餐具应该已经减少了50%。

分类时请以"一年内是否会使用"为标准，抛开"以后或许会用到"的想法，只留下"确定会使用"的物品。

剩下的这些餐具就是符合自己生活方式所需的餐具，其数量就是你家餐具的适当数量。适当数量必须具体，请以几个或几组来设定标准。

同样的方法也可以用在衣物和杂物上。

"东西还能用，先保留起来好了"，这种想法会让整理难以进行。时常觉得"丢掉就太可惜了"的人，请先改变观念，优先考虑整理的效果吧。

"丢掉就太可惜了"这句话乍听之下像在珍惜物品，但其实各位根本不知道这些物品什么时候才会再被用上，所以这些物品几乎都可以当作非必需品来处理。

◆ 杂物——确定适当数量，不囤积

觉得餐具种类太多、整理起来麻烦的人，可以先整理杂物。

杂物也有很多种，例如纸袋就是其中的一种。相信各位家里都有大量的纸袋，这些纸袋都被收放在哪里呢？很多人会将它们直接塞进某个壁橱的缝隙里。这些被塞进壁橱里的纸袋到底需要几个才够用呢？应该很少有人

思考过这个问题，但若对这些纸袋放任不管，纸袋一定会被塞得到处都是。

杂物的处理方式也和其他物品一样，必须先确定适当数量。

例如，对于一个三口之家来说，大、中、小纸袋加起来有20个就已足够。

一旦确定好适当数量，之后只要因为买东西而增加了1个新的纸袋，就一定要丢掉1个，这时就得进行取舍，是丢掉这个新的纸袋，还是从旧纸袋中挑1个丢掉。

同类物品只要做到新进旧出，就不会出现囤积。只进不出，物品就会越来越多。而且，做到新进旧出所花的时间其实和只进不出并不会相差多少。

若能在平时养成新进旧出的习惯，就不必等到年末进行一次性清理了。只要具备正确的整理技巧，便能养成这些习惯。

◆ 文件——自动处理废弃文件的魔法

很多人在整理文件时，会习惯于打孔归档，但打孔需

　　要买打孔机,归档需要买资料夹,最后还需要收放资料夹的收纳柜,花钱又费力。

　　但仔细想想,到底有多少文件会重要到需要打孔归档呢? 答案是几乎没有。

　　这里教大家一个简单又方便的方法,首先准备一个普通的文件夹,有需要保存的文件时只要将其放进去就行了。

　　这里的诀窍是文件一定要从左侧开始放。每当有新的文件进来时,就放在前一份文件的左侧。

　　若需要分类,就将同类的文件放进塑料活页夹里,并和其他文件一样,将新的放在最左侧。

　　如此一来,日期最新的文件,就会经常位于左侧。

　　按此规则来整理的话,不仅常用文件必定会经常位于左侧,也可省去翻来翻去的工夫。随着时间的流逝,不使用的文件会不断向右移。

　　右侧的文件若是不需要了,就可以在新文件进来的同时将其丢弃。这样活页夹便能始终保持一定分量,不会越叠越厚,也不用等到年底进行一次性整理。确定好家中或办公室里文件盒的适当数量后,尽量让文件数量维持在文件盒装得下的范围内。

此外，还有重要的一点，即尽量少用纸质文件。无须打印出来的文件以数据形式管理，只收集必须打印出来的纸质文件。

从心理角度来说，人会比较舍得丢弃最右边的文件。这种方法相当合理，请务必尝试一下。

"新的东西一进来，就立刻丢弃旧的"，让物品数量始终保持不变。

◆ 杂志——只留必要信息的诀窍

千万不能因为以后可能还会阅读而把杂志全数保留下来，需结合再阅读的概率来进行取舍。

报纸、周刊这类信息型媒体寿命相当短暂，因此可毫不犹豫地将它们直接丢掉。大多数信息都会不断更新，一直保留着过期的信息一点意义都没有。

月刊杂志就会让人越加舍不得丢。有些人会在家庭书柜上摆放近三年所有的超厚月刊杂志，也不知道究竟要保存到什么时候。确实有些杂志的封面很抢眼，有些杂志的使命就是摆出来让人家看的，但请仔细想想，杂志里面有三分之一甚至一半是广告页，一直留着这些广告页究竟意义何在？

那为什么还是有人会舍不得将它们丢掉呢？通常是因为还没读完，或是杂志里面有几个喜欢的栏目。

这时还是得遵循整理的法则，确定杂志的适当数量。真的有想留下来的页面的话，可在第一次翻阅时就立刻将其剪下来另行保存，等新的一期来了就立刻丢掉旧的一期，身边永远只留一期，这样就不用等到杂志累积至一堆后再将它们捆绑并搬运到垃圾站，还不必担心搬运给腰带来的负担。

◆ 书籍——没有书柜仍能维持一定阅读量的秘诀

最棘手的物品非书籍莫属。

请站在自己家中的书柜前，观察一下书柜上的拥有区域，里面应该摆了很多不会再读的书吧。

一般来说，书柜上应该会有50%～60%的"黑洞"（即无用之物）。

有些人会觉得书柜不应该看起来空荡荡的，但在此我奉劝各位，若有不会再看的书，还是将它们卖给旧书店吧。

大约从十年前我家就没摆书柜了，因为定下了"不需要书柜"的规则。

但这不代表我不看书，我的阅读量应该和一般人差不多，有时我一个月可以读20本，阅读速度算比较快的。我平时读经济类书籍比较多，有时也会随兴读读小说。基于这样的阅读速度，若是将书全都堆在家里的话，收纳空间应该马上就会被占满。

因此，我在自己的包中设定了一个专门放书的位置，公司里也有几个这样的指定位置，而且只摆放现在正在读的书。

每读完一本书，我就立刻将它拿到旧书店去卖掉。如果某天我在旧书店卖了一本书，就会在旧书店或其他书店添购一本新的，因此我的包里始终会有一本未读完的书。

这样我就不会把读完的书带回家，家中也不再需要书柜了。这听起来或许有点让人难以置信，但我的确是这样做的，相当满足于这样的生活，同时并没有错过需要的信息。

　　有些读者可能会有这样的疑问：将书丢掉之后，若想再读时该怎么办？我认为，与其费工夫保存不知道什么时候才会用到的信息，不如直接丢弃，这样，反而损失更少。

　　这个方法之所以有效，是因为现在网络发达，要获取信息相当容易。

　　以前没有网络，只能通过上图书馆或其他方式获取信息，但现在通过网络几乎可以查到所有想要的资料，因此越来越没有必要拥有一大堆书籍。现在需要资料时可以上网查询，因此是否还有必要随身携带资料成了一个值得商榷的问题。

　　从环保的角度来看，书会消耗纸张，耗费地球资源，因此尽量不囤书更环保。由此看来，旧书店的书本回收行业是一种相当适合21世纪的商业模式。

　　请各位试着只留下真正需要的书吧。

　　书也可分为"活跃""备用""拥有"三类，请先将家中书柜上的书分成这三类，再从拥有类开始整理吧。

〈确定适当数量〉

●确定适当数量，有助于环境整理。

●试着确定适合自己的适当数量。

●信息类物品可直接舍弃，思考符合这个时代的整理方式。

法则 2
规划符合动作、动线的收纳方式

◆ 鞋柜——戒掉将物品随手一放的习惯

人总是喜欢将物品往旁边随手一放，经过的动线上若刚好有个高度适中的地方，就很容易将物品放在那里。高度适中的地方最方便物品取放。

壁橱中的各区域按物品取放的方便程度排序，依次为中层、下层、上层。

检查一下自己家中的收纳柜，经常使用的物品是否放在上层，不太使用的物品是否反而放在中层？

　　只要我们能将物品放至合适的高度，就有助于环境整洁。

　　以门口的鞋柜为例。门口是进出之地，大多动线都经过这里。若这里有个比腰部略高的鞋柜，我们就很容易顺手将物品放在上面。也就是说，鞋柜上方是个容易凌乱的地方。

　　甚至有很多家庭直接将门口鞋柜的上方当成置物场所，传单、读到一半的书、折伞等各式各样的物品都会被随手放在上面。

　　这个"方便随手放物品的高度"需要我们特别留意。将物品随手放在适当高度是人类的习性，因此我们必须设法避免这样的事情发生。

　　例如，可以在鞋柜上面放一盆观叶植物，这样就不会再在上面放其他东西了。

　　◆ 桌子——选对摆放位置，可让室内空间看起来大三倍

　　桌子上方同样是个容易凌乱的地方。若将桌子放在屋

内的四个角落，桌子就很有可能会沦为置物场所，孩子、大人也都会因为有这张桌子而不自觉地将东西往上摆。若没有这张桌子，尽管有点麻烦，但大家都会乖乖地将物品放回其原来的位置。

虽然家中不可能完全不放桌子，但最好还是少放置这类高度的家具，只要能够做到这一点，客厅就不容易凌乱。

那若将桌子摆在室内正中央呢？若将桌子放在室内正中央，桌上的凌乱便会非常醒目。对于大多数人来说，若看到桌上摆满了东西，就会很想收拾，因为这个位置太引人注目了。若将桌子放在四个角落，则桌子及上面的东西就容易被墙壁同化，不易进入眼帘，于是东西就会继续留在桌上，就算堆满了，人们也不会太在意。但当物品越堆越多时，屋内空间就会显得越来越狭窄，从而给人压迫感。

因此，在整理环境时，也可将视觉和心理因素列入考虑范围之中。

〈规划符合动作、动线的收纳方式〉

●壁橱中的各区域按物品取放的方便程度排序，依次为中层、下层、上层。

●出入口为动作、动线密集的地方，需特别留意。

●方便物品放置的高度需特别注意。

●避免容易凌乱的环境。

法则3
按照使用频率收纳

这也是整理收纳顾问特有的思考模式，这条整理法则行之有效，请各位务必牢牢记住。

◆ 使用频率1~6级——让整理的优先顺序一目了然

首先将物品按使用频率分成6个级别。

每天使用的物品为1级，两三天使用一次的物品为2级，一周使用一次的物品为3级，一个月使用一次的物品为4级，一年使用一次的物品为5级，剩下的物品即一年用不到一次的物品就是6级。

〈按照使用频率收纳〉

按使用频率将物品分为6个级别：

▶1级使用频率的物品——每天使用。

▶2级使用频率的物品——两三天使用一次。

▶3级使用频率的物品——一个礼拜使用一次。

▶4级使用频率的物品——一个月使用一次。

▶5级使用频率的物品——一年使用一次。

▶6级使用频率的物品——一年用不到一次。

重要物品以及使用频繁、容易归入活跃区域的物品的整理优先顺序依次为1级、2级、3级，因为这些物品足以维持我们正常生活。若能将1～3级使用频率的物品整理好，生活将会变得更方便、更有效率。

一般人在整理物品时，往往会聚焦在一些不常使用的物品上，但实际上思考这些物品的整理方法对我们的生活并不会有太大的帮助。

　　如何整理每天使用的物品（即1级使用频率的物品），才是我们必须关注的。

　　整理的最终目标是确定物品的摆放位置，因此我们必须先确定1级使用频率物品的摆放位置，整理完1级使用频率的物品之后，各位的生活环境将得到极大的改善。

　　以钥匙为例，一旦确定其在家中的摆放位置，就千万不可以再随手将它放在其他地方。

　　那出门在外时该怎么办呢？同样，也应该为钥匙指定一个固定存放位置，例如出门时就将钥匙放在随身包包的小内袋里。一旦确定好钥匙的固定存放位置，拿钥匙时就无须再东翻西找。除了钥匙之外，经常找不到的眼镜、钱包也可以使用这一方法来收纳。

　　在公司和家里时，也可为手机指定一个固定存放位置，这样急用时就不怕找不到了。手机主要是出门在外时使用的，因此大多数人在外面时通常都可以马上找到手机，但有些人一回到家里就不知道手机放哪儿去了，有时为了寻找手机，还得特地请家人或朋友打电话给自己。若事先给手机指定一个固定存放位置，便可省去这些麻烦。

每天使用的东西反而容易找不到，我们究竟要在寻找这些东西上浪费多少时间？

一寸光阴一寸金，请为使用频率高的物品指定一个固定存放位置吧。

◆ 6 级使用频率物品的保管盒——无法割舍的物品，无须立刻丢弃

不在使用频率 1~5 级范围内的物品便是 6 级使用频率的物品。6 级使用频率的物品包括哪些呢？

6 级使用频率的物品原本是不该存在的。请各位回忆一下前面章节中的内容。前面章节中提到拿出抽屉里的东西后，根据必需品和非必需品的区分标准，将物品分至左、右两侧，被分至左侧的为非必需品，这些就是 6 级使用频率的物品，即图 2-1 中的"笑脸"。

但此时还无须立刻将这些物品丢掉，可先将它们装在

一个盒子里。

不确定一年内会不会被用到一次，但又难以割舍的物品都可先放在盒子里，然后将这些盒子统一放在一个地方。

这时还得做一件事，那就是在这些6级使用频率物品的保管盒外面贴上1年期限的标签，注意将盒子合上时，标签要露在外面。保管盒比较多时，可以将它们如图3-1所示的那样摆起来，但其标签上的字仍要能清晰可见。如此一来，就不会忘记盒子里到底装了什么。

和好久不见的朋友见面时，如果发现朋友刚好有个2岁大的孩子，你就可以将盒子中已经很久没用的婴儿用品或已经很久没看的故事书送给朋友。你也可以带着盒中物品去跳蚤市场摆摊。

实际行动后，你不仅能发现许多可让物品物尽其用的方式，而且还能让物品不再囤积于家中。

当我们可以随时确认盒子里的物品时，家中的物品便可以定期更换。物品不再长期滞留，这就是整理有序应有的状态。只要做好这一点，添购新品时，也无须再为家中

图3-1 6级使用频率物品的保管盒

物品变多而烦恼了。

总之，若能好好运用6级使用频率物品的保管盒，便能让一度被视为无用的物品得到再次利用。

曾指导过我的整理专家町田贞子老师称这个6级使用频率物品的保管盒为"交际专区"。这表示这个盒子里面的物品是用来送给别人的，而非自己使用。

将这种保管盒放在明显的地方，这样每天出门时就一定会看到盒子，于是习惯性地会去确认里面的物品。如此一来，便不会总囤积物品。

将6级使用频率物品的保管盒摆放在适当位置，可提升这个盒子的使用价值。

想整理物品，又不舍得丢东西的人，请务必好好利用6级使用频率物品的保管盒。

〈设定一个保鲜期〉

●物品和食物一样都有保鲜期。

●为兴趣爱好用品、教科书、衣物等设定一个保鲜期。

●若能为某些时间长了便不再感兴趣的物品或不知何时才能派得上用场的物品设定一个保鲜期，舍弃时就会更轻松。

法则4
分组收纳

　　分组收纳是指将一起使用的物品视为一组,再进行收纳。

　　例如,写信时会用到字典、信纸、笔等,有老花眼的人还会用到老花镜。

　　想写信时若得先从抽屉里拿信纸,再从书柜上拿字典,从笔架上拿笔……步骤就会显得太过繁杂,最后将所有物品放回原位也很麻烦,所以人们便很容易将这些物品随手摆在一边。

　　这时你可以去小店里买个收纳筐，将写信时会用到的所有物品视为一组，放在一起（图3-2）。这些物品不作他用，字典和笔也都是写信专用的。

　　将物品分组收纳后便不能再乱移动，写信时只要一整组拿出来，写完后再一整组放回即可。可事先确定好写信用品的固定存放位置。

　　乍看之下这样做好像没什么用，像在白费力气，但实际尝试后，你便会发现写信再也不麻烦了，而且这样做会让人变得更爱写信。

　　做好整理，可以改变一个人的日常行为方式。

〈分组收纳〉

> ●将一起使用的物品视为一组。
>
> ●分组收纳的物品要妥善放置，不要破坏分组。

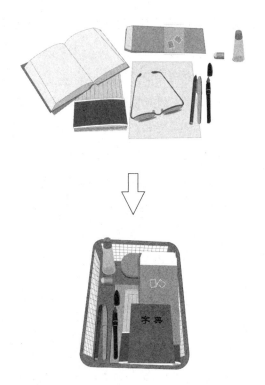

　　将一起使用的物品视为一组，集中放在一个收纳筐里，这样既便于管理又便于使用。

图3-2　分组收纳

法则5
定位管理

对于多个人共用的物品，需让所有人知道其固定位置。

共用人数太多时，就要让大家清楚知道目前是谁在使用哪件物品。

请看图3-3，办公室可通过贴标签的方式来管理物品的固定位置。例如拍下里面物品的照片当标签，便能一眼知道里面是什么物品。

贴照片的好处，就是可以通过视觉印象让物品信息留

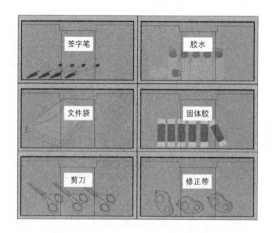

　　贴上里面物品的照片，便能一眼看出里面放了什么，或使用半透明的箱子，不用特地打开箱子便能知道里面放的物品。

图3-3　定位管理

在脑海里,这样便可促使人更善于整理。原本没有特别留意的物品会在你经过其附近时,自然而然地在你脑海里留下印象。

例如,想使用电线时,便会想到之前好像在哪里看到过电线的照片……

最理想的状态当然是让每个人都能掌握物品的存放位置,以便自行取放。

公司里通常会有这样一个擅长整理的人,找不到物品时,大家便会跑去问那个人。这种人通常都很能干,但总是帮助他人也会导致他的工作进度落后,工作效率无法得到有效提升,这对公司来说是相当大的损失。

俗话说"公司应以人为本",因此为了能让员工专注于有生产力的工作,一家公司就必须有一个优良的工作环境,就必须将物品放在固定位置上以妥善管理。

分组收纳法在这里也同样适用。可将一起使用的物品视为一组,放在同一个收纳筐里管理。例如,保管录音器材时,将转接器、电池、内存卡等各种零碎物品放在一起,这样不但使用方便,还能避免遗失。

借用物品的人可在借出卡上签上自己的姓名或所在部门的名称,这样其他人想借用时就不用在公司里来回大声询问物品的所在之处。

尽量避免把物品收在瓦楞纸箱里,因为瓦楞纸箱的外观欠佳。而人的心理容易受到外观因素的影响,看到褐色的瓦楞纸箱堆积成山,大多数人多少会出现工作效率降低的不良状况。

此外,无法直接看到瓦楞纸箱里的物品,必须打开纸箱才能知道其中的物品,这样也会给人带来精神压力。

建议改用半透明的箱子,从箱子旁经过时,便能大致掌握里面放了什么物品。

虽然通过打开瓦楞纸箱来确认其中的物品并不会花费太多时间,但半透明的箱子会令人无法忽视其中的凌乱,大家自然而然会随时保持整齐。

建议制作大一点的标签,可借助拍照制成照片标签来管理。

〈定位管理〉

●确定物品的固定存放位置。

●让所有相关人员知道物品的固定存放位置。

●共用人数太多时，要让大家清楚知道目前是谁在使用物品。

收纳必学重点

◆ 收纳的最大目的是让物品取用方便

收纳的最大目的其实是为了物品取用方便,因此进行收纳时,必须先想到使用物品时的状况。

请各位仔细思考每件物品的收纳场所。"东西摆在这里真的有意义吗?""什么人在什么时候会如何使用这件物品?"请将这几个问题在脑海里过几遍,经过几次自问自答后,你应该会发现一些问题。例如"这个东西不在这里使用,为什么会摆在这里?""这么常用的物品为什么会摆在这么高的地方?"为了减少这类问题,收纳时请三思而后行。

◆ 有效利用空间

如何有效利用空间也是收纳的一大重点。

假设壁橱中层上方空出了30厘米左右高的空间，而中层是取放物品最方便的地方，因此空了这么多位置出来实在很可惜。或许有人是为了拿棉被方便而故意留空的，但其实再多利用20厘米高的空间来收纳其他物品也不会妨碍棉被的取放。

灵活运用"收纳方便却没占满的空间"，找出更多元的整理方式也是收纳的诀窍之一。

还有哪里是方便收纳的地方呢？如桌子底下、楼梯底下，实际上还有很多位于生活动线上容易取放物品的地方。

若能有效利用这些空间，便无须用到壁橱上层等收纳不便的空间。

◆ 让收纳空间更美观

有很多人买了关于"收纳的Before/After"的书或杂志，就想试着整理成和书或杂志上一模一样，但事实却总是不尽如人意。其实无法整理成和书或杂志上一模一样是正常的,因为书或杂志中显示的物品和自己拥有的物品不同,房子的布局和收纳的形式也都不尽相同。

想收拾成和书或杂志上一样整齐美观的条件是收纳场所和收纳物品需风格一致。

实际上,习惯于囤积物品的人,首先应该考虑的是物品,而不是收纳场所。该保留哪些物品?该舍弃哪些物品?获得真正想要的物品时要将它们摆在什么地方?必须先思考这些,整理收纳工作才能顺利进行。

想要做到开放式收纳,必须先按照整理收纳的步骤慢慢进行。想要拥有没有压迫感,如杂志上那般美观的空间,也需按整理收纳的步骤从第一步开始做起。

一开始不要执着于追求房间的美观,首先应该以使用方便为第一考虑要素。等家中物品总量减少,只剩下必需品后,再来逐渐打造美观的房间。

平常在购物时就可以养成一种习惯:购买符合房间色调和布局的物品。

当一个人还会领取赠品或购买非必需品时,就很难整理出美观的房间。

◆ 思考如何让物品取放方便

思考如何让物品取放方便，也是整理收纳的一大重点。

为了适应老龄化社会及加强残疾人的幸福感，现在无障碍设施越来越多，也有人开始研究让物品易取易放的收纳方法。

例如在收纳用品上装轮子，设法让物品拿进拿出时更加轻松。现在是个便利的时代，只要前往商场等地方就能买到各式各样的收纳用品。

这种趋势应该还会延续下去，积极采用此类收纳用品，会使整理工作变得更轻松愉快。

"整理其实一点都不辛苦"，这是本书一直在倡导的理念。只要好好整理环境，便能过上轻松舒适的生活。

整理收纳步骤

　　整理收纳是分步骤的,请看图3-4,总共可分为八个步骤。前述内容全都包含在这些步骤当中。

　　现在我们就按照这些步骤重温一遍前面学的内容吧。

　　第一个步骤是"思考拥有的意义",思考我们"为什么要拥有这件物品",也就是从人的角度来思考物品的存在理由。我们拥有这些物品其实有各种各样的原因。我们在整理物品之前,首先应该决定到底该不该持有这件物品。为此,我们需要进行第二个步骤"思考物品的本质",也就是了解物品的基本功能和创作者的意图。若无

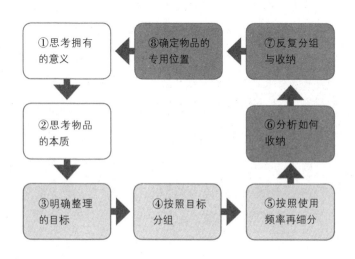

图3-4 整理收纳步骤

法做到物尽其用，或者无法让物品发挥功能，那便丧失了拥有它的意义。前两个步骤是在区分必需品和非必需品，也是从整理的第一阶段晋升到第二阶段的必要过程。

第三个步骤以使用物品为前提，"明确整理的目标"。

整理的目标不会只有一个。有人是为了追求经济效果，也有人是为了追求时间效果。此外，也有人是为了维持房间美观、重视美的感觉，或是为了加强与孩子间的互动、打造舒适的生活空间等。

因此，整理并不只是单纯为了使用方便或减少找东西的时间。每个人都要根据自己的生活方式来明确自己的整理目标。若能拥有目标意识，便能增强整理效果。整理不顺利，或觉得明明整理了却无法获得满足感的人，通常是因为其整理目标不明确。

第四个步骤就是前文提到的分组收纳，即按照目标将物品分组收纳在同一个位置。

各位可以客观地观察平常工作中会用到的物品。比起将物品个别放置，将物品分组收纳会使工作更加方便快捷，也就是说，将会用到的物品全放一起会使工作更有效率。通常分组收纳听起来更像是将同类物品放在一起（例如将所有衣服都放在衣柜里，将所有餐具都放在橱柜里），但对于真正的整理收纳，这样的做法未必正确。

接下来第五个步骤是"按照使用频率再细分"。将物品按目标分组后，再按照使用频率将同一组物品进行细分。

第三个步骤至第五个步骤使整理从第二阶段晋升至第三阶段。整理能力的提升，会使人在平常买东西或接收赠品时尽量避免物品增加。

第六个步骤是"分析如何收纳"，也就是正确测量家中或办公室里可供收纳的空间大小，以及研究让所有空间都得到有效利用的方法，并预留一些空间，为将来的物品增加做准备。

第七个步骤则是确认第五个步骤后的物品适合放在哪个收纳空间。这时若能根据物品的尺寸和数量来分配收纳空间，可让整理环境看起来更加干净整齐。

第八个步骤是确定物品的专用位置。专用位置并不是随意确定的位置，而是必须经过第一到第七所有整理步骤

后精心挑选出来的位置，否则收纳的规矩就会如同地基不
稳的房子易倒塌一般，很快就不攻自破了。

　　只要反复学习以上整理收纳的步骤，便能打造出像书
或杂志中一样美观的房子。请各位务必好好加油。

第4章

整理收纳顾问的工作

前面的章节介绍了各式各样的整理法则和实践方法，各位若想进一步学习整理收纳知识，精进整理收纳技巧，并希望将它们灵活应用于生活、工作中，可关注本书开头提到的整理收纳顾问认证制度。

整理收纳顾问可有效帮助不知该如何整理收纳的人，并给予有效建议，或直接协助客户整理房子。拥有整理收纳专业知识且能够加以实践的人，有望获得整理收纳顾问证书。

下面将介绍取得整理收纳顾问证书后能够从事的工作内容。

整理收纳顾问可将整理收纳技巧灵活应用于各个方面，其中最具代表性的工作就是实际拜访一些家庭，给予整理收纳上的建议。

日本整理收纳专家协会的任务则是发展整理收纳咨询

服务业，协助开拓市场以及培育整理收纳顾问人才。

本章将介绍几个真实的家庭案例。

读者们只要参加1级讲座，取得认证，便可通过其他顾问获得更多活动信息。诚挚欢迎各位加入整理收纳顾问的行列。

这些案例由整理收纳顾问兼日本整理收纳专家协会理事吉村知惠女士监制修订。

整理收纳理论及实例

重温五大法则

让我们重新回顾一下整理收纳技巧的五大法则。

◆ 法则1 确定适当数量

进行整理收纳时，必须先确定家中物品的适当数量。适当数量是指对自己或家人而言必要的物品数量。确定必要数量时，须先决定要以自己或家人的生活方式为优先考虑因素，还是要以能妥善管理物品为优先考虑因素。

例如在确定鞋子适当数量时，便可依据自己一整年的生活方式：上下班或外出时穿的高跟鞋需要几双，出门慢跑或穿休闲服时穿的运动鞋需要几双，配合季节穿的靴子或凉鞋需要几双……

接下来就要将物品数量始终维持在这个确定好的适当值，一旦购买新鞋，便要在进与出之间做出取舍。若生活方式发生改变，就要重新审视这个确定好的适当数量。

◆ 法则2　规划符合动作、动线的收纳方式

物品拿进拿出是需要花费力气的，因此收纳时要思考如何收纳才能尽量减少劳力，想要减少劳力，就必须将物品收在方便取放的地方。例如我们可将物品收在使用方便的高度和范围里。

最方便取放物品的位置是人的肩膀到腰部的高度对应的位置，这个位置称为中层，其次方便的位置为腰部到脚底的高度对应的下层，接下来是必须踮脚尖或使用脚踏台

才拿得到物品的上层，因此按取放物品的方便程度排序依次为中层、下层、上层。

确定物品的摆放位置时，可结合身体动作和物品使用频率。

若在进行一件事时，需要到处移动来拿东西，那就必须重新审视收纳动线。动线欠佳会浪费时间，因此最好能尽量缩短移动距离。

此外，若动作太多，会花费多余劳力，因此也要结合物品的使用频率来减少动作。

例如要在日历上写东西时会用到签字笔，若签字笔被放在离日历很远的地方，而且还被收在抽屉中的铅笔盒里的话，不仅动线长，而且动作也多。考虑到动作和动线，最好将签字笔最好放在日历附近，而且是无须其他动作便能轻易取出的笔筒里或是柜子上的托盘里。

想要规划符合动作、动线的收纳方式，首先必须将物品收在易取易放的地方。

◆ 法则3　按照使用频率收纳

按使用频率将物品分成6个级别，寻找适合各个级别的收纳场所。

1级使用频率的物品为每天使用的物品，例如钱包、手机、钥匙和手表等。2级使用频率的物品为两三天使用一次的物品，例如保养品、垃圾袋和各种卡。3级使用频率的物品为一周使用一次的物品，例如特长班用品、车钥匙、存折等。同样的物品，使用频率会因人而异。

使用频率高的手机和钱包应该放在哪里好呢？一年只用一次的圣诞树又该摆在哪里？中层是最方便取放物品的地方，因此可将使用频率高的物品优先收在中层，再依次决定其摆放位置。想要容易取放，便要将物品收在动作顺畅、动线流畅的地方。特别是1～3级使用频率的物品，最好都能有其固定的摆放位置。

无法归类为1～5级使用频率的物品统统归为6级使用频率的物品。若无法立刻丢弃原本不该出现在家里的6级使用频率的物品，可先准备一个6级使用频率的物品保管盒，并标记日期，设定保管期限。

保管期限一到，若之前一次都没打开过盒子，或已经忘记这个盒子中物品的存在，那就毫不犹豫地将其中的物品丢掉吧。

◆ 法则4　分组收纳

分组收纳是指将一起使用的物品视为一组，全部收纳在一起。将一起使用的物品整理成一组，可方便管理，减少动作，缩短动线。

只是同一组内的物品不能拆散存放，因此可能会拥有好几件相同的物品。

例如，包装组里有胶带、绳子、签字笔、剪刀，文具组里有笔、胶水、订书机、透明胶带、剪刀，裁缝组里有针、线、布、剪刀，从中可以看出，剪刀会出现在好几个组里。

除此之外，还有很多地方会用到剪刀，因此需要准备好几把剪刀。但也没必要都设组，只要将分组收纳后可发挥良好效果的物品分组收纳就行了。如此一来，尽管家中有好几件相同的物品也不会造成浪费。

◆ 法则5 定位管理

一旦确定了物品的固定摆放位置，用毕一定要将物品放回原位，否则经过精心设计的收纳效果会全部化为乌有。

定位管理也是为了让家人或同事都能清楚知道物品的固定位置。为了方便下次自己或他人使用，所有人都需遵守物品用完后要回归原处的原则。

此外，还可利用标签标示物品位置。除了自己之外，也要让所有会使用物品的人清楚知道物品的位置，督促他们养成物归原处的好习惯。

将五大法则灵活应用于实践中

◆ 法则1 确定适当数量

不擅长整理的人一旦开始整理，便经常会说"东西太多收拾不完"。下面将通过几个实例来介绍能成功达到目标的"物品减量法"。可通过此方法来确定适合自己的适当数量。

实例①　将物品分门别类，掌握整体数量后再确定适当数量

以童装为例［图4-1(a)］。首先，请将衣橱或衣柜中的童装全部拿出来。

接着将童装按照功能分类，即按照衣物种类分，例如裤子分为一类，裙子分为一类，运动装分为一类。此外，还可再按照长度、材质、颜色、用途等细分。

将所有童装分类之后，便能看出哪些衣服还会穿、哪些衣服不会再穿，自然也就能知道哪类衣服太多、哪类衣服太少了。

比如"10条裙子里只会穿6条"，或"平常穿裤子比较多，只有5条裤子就显得太少了"，如此一来，便能确定自己真正需要的适当数量。

实例②　利用时间轴的方法，从使用频率低的物品开始处理

以杂志为例［图4-1(b)］。假设每个月都会购买固定月刊，要将杂志放至书架上时，一定要从左侧开始放，如此一来，旧的杂志自然而然就会集中在左侧。假设我们规定杂志数量不能超过这个书架的容纳范围，一旦超过，便可从左侧的杂志开始丢起。除了杂志以外，CD和DVD也可以使用这个方法来处理。

实例③　视收纳空间确定适当数量

这是以收纳空间限制物品数量的方法。

以衣橱为例［图4-1(c)］。假设一个空衣橱里能挂11个木制衣架，如果规定西服套数不能超过11这个数，那么最多就只能买11套西服，于是就要算好每个季节需要几套西服。

之后若是买了新西服，那就要从这11套中选同等数量的套数来丢弃，进来几套就要出去几套。必须让衣橱内的西服数量保持固定，才不会让多出来的西服占据其他地方，如此一来，不但方便管理，也能轻易看出自己真正需要的西服数量，之后也就不会再随意乱购买了。

同理，毛巾的数量也可视收纳空间的大小来确定。

假设洗脸台上或浴室内的毛巾不能超过其收纳空间能放置的量，那下层可放8条浴巾，上层可放4条擦脸的毛巾。这是视柜子容量和毛巾大小所决定的数量。

家人人数和洗澡次数也会影响毛巾的数量，这时需特别留意，请记得生活方式也会大大影响适当数量。此方法也可运用在纸袋上［图4-1(d)］。家中有小孩的人，也可依此方法来决定果盘的数量。

以上都是"物品减量法"以及确定适当数量的应用实例。

长期生活在大量物品包围下的人舍弃拥有的东西时难免会感到不安，因为这需要相当大的勇气。我去过许多收纳现场，拜访过许多家庭，但从来没听说有人和过多的物品"诀别"后生活反而变得不适，通常人们都会觉得终于能从物满为患的生活中解脱出来，身心感到无比舒畅。

维持物品的简单生活，才是我们应该努力的方向。

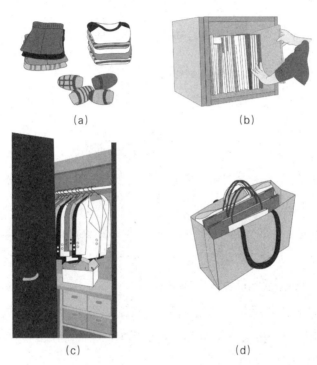

（a）将物品分门别类，掌握整体数量后再确定适当数量；（b）利用时间轴的方法，从使用频率低的物品开始处理；（c）（d）视收纳空间确定适当数量。

图4-1 法则1的应用实例

◆ 法则2　规划符合动作、动线的收纳方式

实例①　按照身高制作隔层

对于家人共同使用的收纳场所，需按照身高决定每个人的收纳空间。

例如洗脸台柜子，身高最高的父亲使用最上层，然后从上往下依次为母亲、读中学的女儿、读小学的儿子的使用空间。

同样的，鞋柜里也应该按照身高来摆放鞋子。身高矮的孩子可使用下层，这也能让孩子学会自理，自己将鞋子拿出来，再自己将鞋子收回去。

收纳使用频率高的物品时需设法减少取用时的动作。例如常使用的笔可放在桌子上的托盘里，其他备用的笔则可先收进抽屉里。

实例②　将隔天会用到的物品集中收纳在同一个地方

例如隔天要穿的衣物，可先用衣架将外套挂在床边，以便隔天可直接拿取；底下放一个篮子，里面放白衬衫和袜子；在一旁的小桌子上摆放出门时要用的钱包、钥匙和

手机。

　　将隔天早上出门会用到的物品集中收纳在同一个地方，如衣橱内（图4-2），可缩短动线，无须另外开关门或抽屉，可有效减短准备时间。如此一来，忙碌的早晨可迅速整装完毕，无须手忙脚乱地跑来跑去。

　　也可将上下班要用的物品集中放在衣橱里面，这样也能缩短动线。

将隔天会用到的物品集中收纳在同一个地方（衣橱内）。

图4-2　法则2的应用实例

◆ 法则3　按照使用频率收纳

实例①　按照使用频率决定收纳位置

在整理厨房橱柜时，可将使用频率高的家电、调味料、盘子和餐具等收在中层，重的容器、高的水壶及砂锅、花瓶等收在下层，使用频率低的访客用杯子、玻璃杯等收在上层［图4-3(a)］。

整理抽屉时，可将使用频率高的物品收在抽屉前方，这样不用将抽屉全部拉出也能取放物品；使用频率低的物品收在抽屉深处。

以文具为例［图4-3(b)］，抽屉前方放常用的笔、剪刀和修正带，备用签字笔和自动铅笔笔芯则放在深处。

橱柜收纳以使用频率决定物品的摆放高度，抽屉收纳以使用频率决定物品的前后位置，这样取放物品时会方便许多。

实例②　按照使用频率再细分会更好管理

每天出门时会携带的手机、钥匙、眼镜等可集中收在一起［图4-3(c)］，放在高度位于腰部左右的柜子上。将使用频率高的物品集中放在方便取放的地方，可节省时间和劳力。

同类型的文件［图4-3(d)］，可按照保管期细分，以方便管理。平时记账的家庭可将收据上的内容记录下来后立刻将收据丢掉。信用卡账单可保管一个月，保险相关文件有时需要保管一年。

不同类型的文件，若使用频率几乎一样的话，也可按照使用频率来分类，这样会更加便于使用。

◆ 法则4　分组收纳

实例　将一起使用的物品集中收纳

准备做某件事时，若需要到处找东西，会导致前期准备工作时间过长，这时建议采用分组收纳法。只要将会用到的东西全部集中收纳在一起，便能省下许多时间。

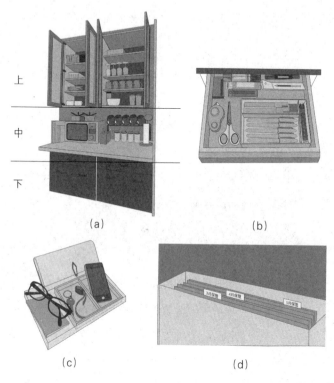

（a）（b）按照使用频率决定收纳位置；（c）（d）按照使用频率再细分会更好管理。

图4-3 法则3的应用实例

　　每天早上都会吃吐司的人，可将黄油、果酱、火腿和奶酪等全部收在一个篮子里（图4-4），再放进冰箱，这样早上要用时就会很方便。

将一起使用的物品集中放在一个收纳篮里。

图4-4　法则4的应用实例

　　一年只会使用一次的物品也可分组收纳，需要用时准备起来更加快速。无论使用频率高还是使用频率低的物品都可采用分组收纳法。

　　在这里要提醒各位，同一组物品不能拆散存放，因此有时家里可能会拥有好几件相同的物品。

　　例如信纸组有签字笔，文具组和包装组也有签字笔，虽然签字笔会出现在家中各个地方，但维持每个组的完整性不但可以节省时间，还能缩短动线。

◆ 法则5　定位管理

实例　定位管理，无须再找东西

找东西是一天当中最浪费时间的事。

"奇怪，明明放在这一片的啊！""前阵子明明还在这里的啊！"想必各位都有过类似这样找东西的经历吧？

我们到底为什么会找东西呢？

因为这些东西并没有被收在固定的位置。若每样东西都被收在固定的位置，不管之后谁使用，都能做到东西用好后立刻物归原处。话虽如此，但看似简单的事现实生活中就是很难办到。

"谁在什么时候，在哪里，使用什么物品，做什么事"，试着想象平常的行为模式，自然而然就能找到适合物品存放的固定位置。

另外，可在固定存放位置上贴标签，贴标签可让家人或同事知道物品的存放位置，也可避免自己一直被问"某某东西在哪里"。使用完毕后，使用者也会记得要将物品放回贴有标签的地方，做到物归原处。

看不到里面的鞋盒就适合贴标签，收纳时记得要将标签贴在显而易见的位置。

在固定存放位置上贴标签（图4-5），除了可让所有人清楚知道物品的固定存放位置并记得及时归位外，还能预防其他物品入侵这个场所。例如在遥控器架上贴"遥控器"标签，这样就不会把笔或指甲剪也放进去了。贴标签是一种利用人类心理以达到相当不错的收纳效果的方法。

定位管理，可以避免到处找东西。

图4-5　法则5的应用实例

综合运用五大法则

这五大法则可以说贯穿于整理收纳从开始到结束的整个过程，若能加以综合运用，常能获得很好的整理收纳效果。下面将更深入介绍五大法则的效果、特征以及应用方式。

实例　利用客厅的三层柜集中收纳日常生活用品

在客厅里摆放三层柜（图4-6），用于收纳日常生活用品。最下层可放小孩用的尿布、湿巾、面巾等。在帮小孩换尿布时，把物品放在最下层比放在最上层更方便取用，因此最下层可说是符合动作顺畅和动线流畅（法则2）的场所。

第二层可放偶尔使用的包装用品和文件。包装用品如胶带、绳子、签字笔、剪刀等可采取分组收纳（法则4）。

最上层可收纳电脑、手机配件、笔记本等物品，可将它们装进盒子或篮子里分组收纳，这些物品因使用频率（法则3）比第二层的高，所以摆在更容易取放的位置。此外，用来丢尿布的塑料袋也可收在篮子里，塑料袋的量不

图4-6 五大法则的应用实例

可超过篮子容量，以保持适当数量（法则1）。

最后，为了让全家人共享这个区域，在相应位置上贴标签，实施定位管理（法则5）。

收纳原则

你是怎么决定物品的摆放位置的呢？是不是因为"刚好这里有地方可以放"，或"这里比较好摆"呢？收纳并不等于将物品收起来而已，收纳的目的是方便使用，因此要将物品收在想用的时候可以快速、便捷地拿出来使用的地方。

此外，还要思考收纳的目的。为什么要收纳？想通过收纳获得什么效果？思考这些问题后，便能轻松找到最适合的收纳场所和收纳方法。

※收纳≠将物品收起来

收纳＝让物品处于方便使用的状态

◆ 了解收纳方式与收纳空间的特征

收纳物品后，必须知道什么地方放有什么东西。

　　因此，在开始收纳物品之前，必须先了解收纳方式和收纳空间的特征。现在使用的收纳空间真的合适吗？采用什么样的收纳方式才能让物品使用方便？了解收纳空间的特征，找出更方便物品使用的收纳方式至关重要。

隔板收纳、抽屉收纳、盒/箱收纳的特征

　　平常用的收纳方式大致可分为隔板收纳、抽屉收纳和盒/箱收纳（图4-7）。

　　隔板收纳的特征之一是可从正面取放物品。其优点是可切割从地板到天花板的纵向空间，每个隔层还可分放不同种类的物品；缺点是若在前方摆放物品，后方的物品便很难取放，没有门的柜子还容易沾染灰尘。

　　抽屉收纳和盒/箱收纳的特征之一是可从上方查看里面摆放的物品。抽屉收纳的优点是只要将抽屉往前拉，便能快速取出放在深处的物品。盒子或箱子若有盖子的话，还可重叠堆放。

　　抽屉收纳也有缺点，若我们的视线低于抽屉的高度，我们会很难看到里面的物品，也会很难将抽屉拉出。若里面的物品是叠放的，底下的物品就会被遮住，并很难

拿出来。因此，抽屉里的东西最好能直立或并排摆放。

盒/箱收纳的缺点是看不见里面的东西，不打开盖子就无法知道里面的物品。放入其中的琐碎物品容易混在一起，盒子或箱子里面容易凌乱。

这几种收纳方式还有其他各种优缺点，理解其相应的特征后，便能找出利于物品取放的收纳方式。

衣橱、日式壁橱的特征

衣橱和日式壁橱是家中收纳空间较大的地方（图4-8）。不过近年来拥有日式壁橱的家庭越来越少了。

衣橱是用来收纳衣物的，日式壁橱是用来收纳棉被的，因此它们的进深通常都会很大。

日式壁橱的收纳空间尤其大，可收纳许多物品。体积大的棉被、季节性家电、非当季的衣物和带有回忆的纪念品等各式各样的东西都可收进日式壁橱里。但也因为其进深太大，除了棉被以外，其他东西很难被整齐地收在里面，因此日式壁橱里很容易变得杂乱无章。

想要好好运用进深大的空间，就需要先将这个空间划分为后方和前方，使用频率高的物品放在前方，使用

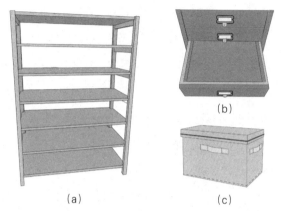

图4-7 隔板收纳（a）、抽屉收纳（b）和盒/箱收纳（c）

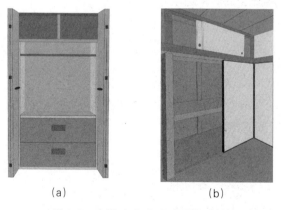

图4-8 衣橱（a）和日式壁橱（b）

频率低的物品放在后方,即按照使用频率来决定物品的摆放位置。日式壁橱里面通常会有隔板,这时也可按照使用频率来决定各物品应放在中层、下层还是上层(橱柜的最顶层)。

一般衣橱的最上方有个橱柜,正下方有一根衣架杆。

衣架杆上可挂衣物,下方的空间可放置一个大收纳盒,或像日式壁橱一样,使用盒子等将这部分空间分为前方和后方两部分,再按照使用频率决定物品的摆放位置。

收纳空间的隔断方式

隔断收纳空间时,应先确定里面要放什么物品,再依据使用频率和重量决定适合物品的收纳场所,同时要结合物品的大小来切割空间。这里的重点是要将空间切割为方形空间。若将空间切割成方形,就不会出现空间死角,就可有效利用空间。

隔断空间时,可运用隔板、盒或收纳架等〔图4-9(a)〕,让空间没有死角。

接下来具体介绍抽屉内空间的隔断方法〔图4-9(b)〕。

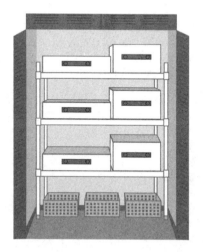

(a)

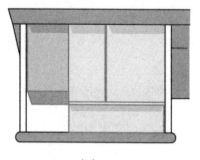

(b)

图4-9　收纳空间的阻断方式

首先确定抽屉里要摆放的物品,接着将这些物品分门别类,分类完毕后确认这些物品的数量、形状、大小、使用频率,最后确定要将它们收在抽屉的哪个地方。这里的重点是先确认物品形态,再决定隔层大小,而非分割好空间,再将物品塞入其中。

若身边有形状、大小均刚好合适的空盒,或已经不再使用的其他容器,均可拿来运用。若在意外观,也可以利用市面上贩卖的塑料盒,只是有时未必能找到尺寸刚好合适的。这时可选购隔板,这样便能以1厘米为单位来调整空间大小。

抽屉隔层须注意最好不要留有多余空隙,否则在开关抽屉的过程中,物品容易被移来移去,切割好的空间也可能会被打乱。

空隙造成的声响也会让人倍感压力,因此需特别留意。

◆ 选择收纳场所时需考虑温度、湿度、安全、卫生等因素

厨房、浴室洗脸台等地方温差变化显著且容易潮湿,

所以将衣物或食品存放在这些地方时需格外留意。到阁楼这类位于高处的地方拿东西时需要使用梯子，因此安全上也要特别注意。

帮高龄人士决定物品摆放位置时，也有好多地方需要特别留意。

例如我的母亲，随着年龄增长，其膝盖和手臂越来越难弯曲，以往她自己能够到的高度现在已经够不到了，且她也已经不太能拿得动重物了，因此若将物品放在高处，她在取用时便容易有危险。这种情况下，尽管有时收纳空间很大，但能使用的位置却会越来越少，因此在决定收纳场所时，必须将使用者的身体状况也考虑在内。

皮革、丝绸等材质的衣物普遍比较昂贵，故需仔细了解其保管方法。近年来很多人容易过敏，因此方便打扫也是收纳时必须考虑的因素之一。

◆ **注重外观的收纳方式**

很多人想像书或杂志上显示的那样，整理出既时尚又美观的收纳空间。可是尽管仿效书或杂志购买时尚的收纳用品，也无法整理出理想的房间。因为每个人的生活习惯和拥有的物品不同，当然不可能整理出一模一样的效果。

这时应该以五大法则为基础，来改善杂乱无章的生活环境。毕竟身边都是非必需品时是不可能打造出美观的收纳空间的。

按照五大法则整理收纳之后，物品的颜色、形状和材质便会愈趋明显。了解自己喜欢的风格，按照自己喜欢的风格购买物品，生活空间才会变得更加令人舒适，之后哪怕出现一点点脏乱，就会马上被发现。为了维持这个舒适的环境，自己会更加努力地整理收纳。

打造方便物品取放的收纳空间

高于视线以及进深大的收纳场所均需要格外花费心思，以打造易取易放的收纳空间。

高处收纳以厨房的吊柜为例［图4-10(a)］。

上层可摆放制作甜点时使用的打蛋盆、打蛋器、蛋糕模具等，并将这些物品分组收纳。下层的四个篮子则可用于储备粮食或干货，且每个篮子都带有把手。使用带把手的篮子来收纳，可使厨房吊柜里的物品取放更方便。

当收纳位置高于视线时，必须思考如何收纳才能够方便物品取放或减少劳力［图4-10(b)］。

在我拜访过的家庭中，有很多家庭没用篮子或托盘将吊柜里的空间隔开，而是直接将东西往里面塞。结果根本不记得最里面放了什么，最后只使用前方第一排的物品。

为了减少这种情况，可结合吊柜的进深，利用有把手的篮子将物品分组收纳，这样便能管理好柜子里的所有物品，且柜子里不会出现空间死角。

但在使用进深很大的柜子时，需要留意若在一个篮子里放太多东西，取用物品时会因篮子太重而更费力。

接下来以容易混在一起的包为例［图4-10(c)］。

若包是平行叠放的，则最下方的包便会难以取放，甚至有可能会被压变形。但只要使用书立将包一个个隔开，便能轻松取出想用的包。书立也可用于隔断放食材的冷冻柜或厨房里空间较大的抽屉，书立也可拿来当摆放炒锅或平底锅的架子。

便于取放的重点在于取用物品时动作要尽量少。越常

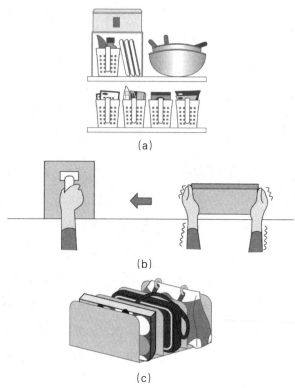

(a)

(b)

(c)

（a）使用带把手的篮子来收纳，可使厨房吊柜里的物品取放更
方便；（b）创造方便物品取放的方式；（c）容易变得杂乱的包类
可灵活应用隔板来收纳。

图4-10　打造方便物品取放的收纳空间

使用的物品，取用时动作越要少。

◆ 预留收纳空间

若将所有收纳空间都收满，从外观上来看，这样或许很干净，但若又有新买的东西需要收纳时该怎么办呢？这里已经没有空间了，所以要么减少目前的物品数量，要么将这些新买的东西放到其他地方或选择随便丢在一旁。

假设这里有个整理得井然有序的冰箱，里面所有物品都已经被放在固定位置，并且都已经被分好组。这时如果某位亲戚突然寄来一只大螃蟹，便会不知道该如何放。这只螃蟹究竟该收在哪儿呢？又不能把螃蟹放在外面，最后只好将冰箱里的物品东挪西移，想尽一切办法将螃蟹塞入冰箱里。

数日后螃蟹被吃掉了，然后冰箱里就会空出一个位置，而那些被移开的物品却很难再回到原位，冰箱里也不再井然有序。为了应付这样的突发状况，需随时预留20%的收纳空间。

◆ 收纳时需考虑到物品使用时的状况

假设今天买了一提5盒的抽纸,若将它们拿回家后便直接收起来,每当要拿出来使用时,都必须先撕掉其外面的塑料包装。

若一开始便将塑料包装撕掉,之后要用时便能直接取用。这虽然只是个微不足道的小动作,却对下次使用物品非常有帮助。收纳时若能考虑到使用时的状况,便能让环境始终维持在干净整齐的状态,让收纳的物品更加一目了然。

人在使用物品时,一开始尚可将注意力集中在物品上,但一旦使用完毕,注意力就会立刻分散,也不会想到要将物品好好收起来,于是物品会被随便放在某个地方,或被摆在一旁放任不管。下次要用时,又得重新找。

因此,我们应该要留意的是收拾的时候,而不是使用的时候。

◆ **重新审视物品的固定存放位置，存放位置并非永久不变**

收纳若能让物品随时保持在方便使用的状态，那是最理想的情形。但很多时候之前确定好的收纳场所和收纳方式并非永久不变，因为人的生活重心会改变，生活方式也会改变，身体状况也在不断变化。

例如一对夫妻，生了小孩，之后很长一段时间夫妻俩的生活都以孩子为重心，等孩子长大独立之后，夫妻俩又回到只有两个人的生活，这些就是生活重心的改变。

孩子开始上学或带孩子到一定阶段后妻子开始出去工作，丈夫退休后待在家里等生活方式的改变，会使这个家庭持有的物品发生变化，这时无论物品使用起来是否方便，都要重新审视物品的收纳场所和收纳方式。

尽管人生中没出现这些大变化，但换季、学期末或年终大扫除等时期也是重新审视收纳场所和收纳方式的好时机，要时不时重新评估自己目前拥有的物品数量及其摆放位置是否恰当。

实例——餐厅及厨房的整理收纳

◆ 使用基本区域图，按照整理收纳八步骤来进行

基本区域图一共分为四个区域：活跃区域、备用区域、拥有区域和废弃区域。

整理收纳步骤共有八个，第一个步骤为思考拥有物品的意义，并理解物品最原始的功能和本质。这时需要用到基本区域图，将所有物品按照基本区域图和使用频率分类后便可得知其适当数量。

接下来要明确整理目标，并按照整理目标进行整理收纳。

开始动手整理之前，要先了解这个橱柜的实际状况（图4-11）。

这位客户住在房龄十年的房子里，其家中住着一家四口：丈夫、妻子和两个读小学的孩子。首先来看这个家的餐厅家具配置，橱柜前面有张圆餐桌，旁边是吧台，吧台

后面是厨房。

　　客户表示虽然想将常用的餐具收在吧台底下的柜子里，但因为取用时要绕一大圈而感觉很累，所以最后还是未能将餐具从洗碗机里移到吧台底下的柜子里。

〈客户需求〉

> 　　我们家的餐具全都放在客厅的橱柜里，可是平时使用的餐具却收不进去，只能放在洗碗机里。我希望家人也能清楚知道各种物品的摆放位置，并让这些餐具使用起来更方便，同时可以轮流使用这些餐具。

　　重新看橱柜四周，可以发现很多问题。如厨房里需要餐具时，必须绕过圆餐桌才能拿到橱柜里的餐具，因为这个过程太麻烦，自然而然就会只使用洗碗机里的餐具。

橱柜上方摆着圣诞节装饰和无处可放的 CD，抽屉里面躺着乱七八糟的各种厨房用具，感觉它们很难取放。米柜在橱柜底层，每天取米煮饭的动线非常不理想。

再来看橱柜内部。打开上层玻璃门，可以发现里面塞满了玻璃杯和小碟子，收在最深处的餐具已经长期未使用，几乎处于闲置状态。

接下来看抽屉内部。刀叉餐具、塑料汤匙等乱七八糟地摆在一起，很难直接从中拿出想用的物品，而且看起来有很多物品几乎没被使用过。

另外一个抽屉里面放着布类物品。乍看之下这个抽屉被收拾得很整齐，但因为刚洗完的布一直被收在前方，自然而然就会一直使用同一块布。

抽屉下面的柜子里有盘子、水壶、米柜，还有其他厨房用具，整体看起来杂乱无章，所有物品非常难取用。

找出这些问题后，便要设法让动作顺畅、动线流畅，打造出客户理想中的餐厅及厨房。

接下来按照整理收纳的步骤来解决这些问题吧。

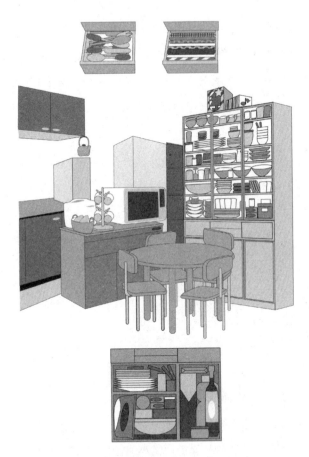

图4-11　客户的餐厅及厨房（Before）

步骤①：思考拥有的意义　步骤②：思考物品的本质

首先要从审视橱柜里的所有物品开始，这里的重点是思考为什么会拥有这些物品，这些物品是否发挥了其基本功能，或是被用在其他地方，还是只是"沉睡"在柜子里而已。

接下来要确认这些物品分别属于基本区域图中的哪一区域（图4-12）。取出所有物品后，按照各区域的概念及使用频率将这些物品分类。

分类可让自己重新了解哪些物品是常用的、哪些物品只是偶尔使用的、哪些物品是摆着几乎不用的。此外，还可看出自己和家人真正需要的物品以及其适当数量。

（1）活跃区域

重新分类后会发现经常使用的餐具其实很少，也就是刚才提到的在洗碗机里的那些餐具，包括每天会使用的碗、盘以及做菜时会用到的餐具。

（2）备用区域

包括煮某些菜时偶尔会使用的餐具和有活动或访客时使用的餐具。这些餐具必须放在随时可以拿出来使用的

该区域的物品会被频繁使用

活跃区域

拥有区域

该区域的物品不会被马上用到，仅仅是拥有而已

该区域的物品处于随时可以使用的状态

备用区域

废弃区域

该区域的物品不会再被使用，等待被废弃

活跃区域

拥有区域

备用区域

废弃区域

图4-12 按照基本区域图分类的餐具

地方。

（3）拥有区域

包括赠品、参加婚礼时赠送的餐具或孩子小时候使用的塑料餐具等，属于今后不太可能会使用的餐具，甚至可能连自己都忘记的餐具。

（4）废弃区域

包括已经无法发挥功能的餐具。这里的功能不是指人会不会去使用这些餐具，而是指餐具本身已非完整的物品。例如已经出现裂痕或缺口的餐具，因为已经无法发挥其基本功能，于是变成了废物。

还包括某些成套的餐具，一旦其中一个破损，另外一个尽管还能使用，但是已经无法发挥成套功能，故这也算是废物。例如咖啡杯盘组合，一旦杯子破了，虽然盘子没破损，但已经无法成对了，因此盘子也成了废物。

步骤③：明确整理的目标

重新思考整理的目标，并将不需要的物品移离橱柜。我们的主要目标是让橱柜变得更方便好用，并轮流使用所有餐具，这时应重新确认哪些物品可不放在这里，或哪些物品摆在这里会妨碍动作和动线。

首先，必须将橱柜上的CD移到会听音乐的客厅。

米柜原本位于橱柜的下层，但从动线来考虑，应该将米柜移到吧台的柜子里。

抽屉里的厨房用具也应该移到厨房的抽屉里，这样动线会更加顺畅。

步骤④：按照目标分组 步骤⑤：按照使用频率再细分

按照目标分组是指将同类物品集中摆放，如将餐布或餐垫等布类放一起，汤匙、刀叉等餐具放一起 ［图4-13(a)］。

按照使用目的集中收纳，如将酒壶和酒杯放一起，将全家人喝茶用的杯子放一起 ［图4-13(b)］。

也可按照使用频率集中收纳。将每次都会同时使用的碗和杯子等一起放在一个篮子里，这样只要拿出篮子就能马上凑齐需要的物品，使物品处于立即可以使用的状态 ［图4-13(c)］。

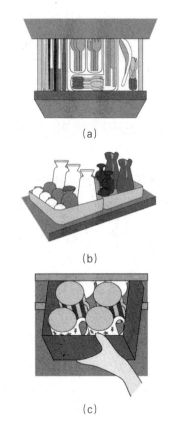

(a)

(b)

(c)

（a）按照物品种类集中收纳；（b）按照使用目的集中收纳；

（c）按照使用频率集中收纳。

图4-13 按照目标分组及按照使用频率再细分

步骤⑥：分析如何收纳

首先，我们来了解橱柜的结构（图4-14）。有些橱柜有玻璃门，有些橱柜是开放式的。门也分为横向拉门和向外开的门。

向外开的门是单门还是双门？柜子有几层？柜子或门是移动式的还是固定式的？在收纳物品之前，必须先了解橱柜的这些特征。

接着测量橱柜的宽、高、进深，经过综合性的了解，便可打造出一个方便使用的橱柜。

本案例的橱柜上部分是双面玻璃门，共有六层，其中的隔板全都是可动的；下部分为上、下两层，其中的隔板是固定的，两侧有部分空间没有隔板，下部分也是向外开的门。

根据法则2，可按照中层、下层、上层的顺序来思考橱柜里的收纳位置。

步骤⑦：反复分组与收纳

分配第④⑤个步骤中分类出来的物品的收纳场所。

在这个步骤中，需按照刚才测量的橱柜尺寸和物品适当数量来分割收纳空间。选择用来分割空间的收纳用品时

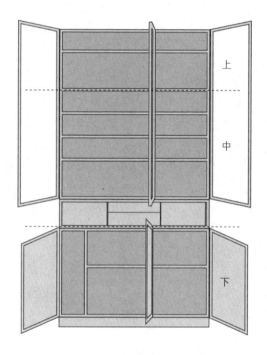

图4-14　分析橱柜的结构

需考虑收纳物的大小和重量。

将步骤⑤中的布类放在左侧抽屉，餐具类放在右侧抽屉，并利用隔断盒来并排收纳。酒壶和酒杯以及喝茶用的马克杯则可利用盒子或篮子来收纳。

步骤⑧：确定物品的专用位置

将橱柜空间分为中层、下层和上层。结合动作、动线和使用频率分配物品的位置，将每天做菜时会用到的餐具放在视线到腰部高度的中层，重的餐具和活动时使用的餐具、派对用的大盘子放在下层，做制作过程较复杂的食物时使用的餐具则放在高于视线的上层。

原本应该放在上层的重盘子，考虑到取用时会很费力，比较适合放在下层。分配物品位置时，不只考虑使用频率，还要将劳力和安全性考虑进去，如图4-15(a)(b)。

确定好物品位置后，再结合物品高度调整隔板，收纳物品。

通常一个隔层只放一种物品会比较好，但若是像盘子这类可叠起来放的物品，便可将两种尺寸的盘子叠在一起收纳［图4-15(c)］，这样就无须用到太多隔板。若餐具叠起来后不稳,可利用架子将这层隔层进一步分割为上、下两层。

　　将餐具分别收纳在柜子前方和后方时,为了让后方的餐具好拿,前方的餐具尽量不要叠太多。

　　将同种类物品从里到外纵向排列,如将杯子这类需并列收纳的物品纵向排列[图4-15(d)],这样所有杯子都可轻松取放,也方便管理。

　　布类也可纵向排列,以往都是由外往内摆放,改成纵向排列后,便可从右侧取,洗完后从左侧放回[图4-15(e)],这样就可有效运用每块布。

◆ 家具配置

　　吧台家具的柜门原本是朝向餐桌的,但考虑到动作、动线,改成朝向厨房。

　　米和平常用的餐具收纳在吧台里。在厨房煮饭时,只要转过头来便能立刻取出米和平常用的餐具,餐具从洗碗机里拿出来后也可马上收回柜子里。

　　每天使用的饭碗和汤碗则集中放在米柜上方的柜子里,这样能使盛汤、盛饭的动作更加迅速流畅。将活跃区

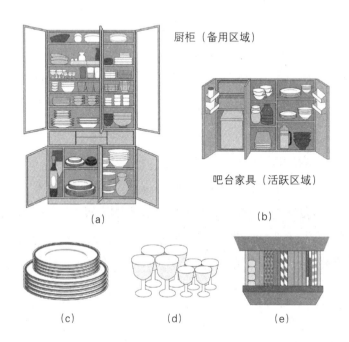

厨柜（备用区域）

吧台家具（活跃区域）

(a)

(b)

(c)   (d)   (e)

（a）（b）结合使用频率和劳力确定物品的固定存放位置；
（c）可重叠收纳的物品最多允许叠放两种尺寸的；（d）将同种类
物品从里到外纵向排列；（e）为了让每一块布都能被使用到，使
用时从右侧取，洗完后从左侧放回。

图4-15 确定物品的专用位置

域的餐具收纳于此，可有效缩短作业时间。

橱柜里则按照使用频率和劳力收纳备用区域的餐具。

接着重新审视拥有区域的餐具，会使用的物品放到备用区域，不会使用的物品则和废弃区域的东西一起处理掉。

请看整理后的餐厅及厨房（图4-16）。

橱柜上的CD和圣诞节装饰不见了，吧台和橱柜之间也出现了能让人顺畅通过的空间。以前从厨房走到橱柜前需绕过餐桌，现在厨房到橱柜的距离明显变短了。

将物品按照基本区域图分类，可让人重新了解适合自己和家人的物品数量。

这次客户期望达到的目标是希望家人也能清楚知道各种物品的摆放位置，并让所有餐具使用起来更方便，同时可以轮流使用这些餐具。我们按照整理收纳步骤进行了整理收纳。

确定好适当数量后，结合使用频率、动作、动线来收纳，让橱柜和厨房变得比以前更整齐，并通过分组收纳让物品更加方便管理，任何餐具都能根据场景轻松取放，家人也能清楚知道各种物品的收纳位置。

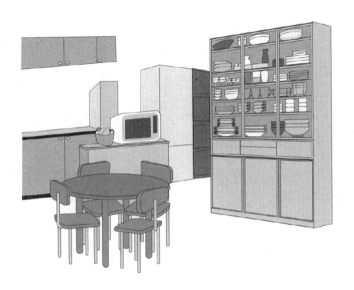

图4-16　客户的餐厅及厨房（After）

　　以上是按照基本区域图及整理收纳步骤进行整理收纳的实例。

　　这次介绍的是餐厅及厨房，这些方法也可运用在其他地方，请务必试试看。

有效的整理收纳
从聆听客户的心声开始

　　本书介绍的案例虽然只有一小部分，但想必大家可以从中了解到整理收纳顾问的一些工作内容。此外，还可从这些案例中看出，如何和客户沟通十分关键。

　　帮助客户整理收纳之前，各位必须做的事情是将客户的话从头听到尾。

　　或许有人会问："只要这样就好了吗？这么简单？"但实际去做时你就会知道，聆听客户的心声其实并不简单。

　　因为要给客户的住宅提供具体的整理收纳建议，所以需要拜访客户的住宅，这时你会发现客户的家真的很凌乱，有一堆问题，于是你会忍不住想发表意见，希望客户能立刻开始动手整理。

可是，这时你必须站在客户的立场，和客户一起思考治本的方法。

拜访客户的住宅时，首先一定要问的问题是"你想过什么样的生活"，这是了解对方想法的关键问题，一开始就直接说明整理方法是不会有什么效果的。客户特地请整理收纳顾问来指导自己整理，说明其希望顾问能帮自己解决整理上的烦恼，显然这期间可能会碰触到客户相当私密的问题。若顾问一开始就太过激进，直接点出客户的整理问题，客户可能会感到自卑，进而退避三舍。

在客户将自己的问题说完之前，顾问便开始命令客户该怎么整理的话，客户当然不会有好心情。毕竟这间房子是客户的，而不是整理收纳顾问的。

所以，一开始我们不能立刻动手整理，而要借助提问让客户信任自己，让对方觉得"这个人似乎可以相信"。整理收纳顾问的工作并非只是提供整理的技巧，其最理想的状态是通过物品整理让客户有各种发现，甚至可以让其整理自己的内心。因此，双方之间的信任相当重要。

接着要详细了解客户的家庭结构。这一步首先要确认客户的家庭成员及其生活方式。她是职场女强人，还是专业主妇？这些都要问清楚。若物品拥有方式无法符合客户理想的生活方式，那么顾问和客户便要在物品的取舍上达成共识。

整理收纳过程中最难的是区分必需品和非必需品。

为了让客户今后也能自行判断哪些是必需品，必须建立一个让客户也能认同的标准。

若心里没有一个符合自己生活方式的标准，就会觉得什么东西都是必需的。

星期一到星期五每天都要工作的人会有其所需的物品。拥有许多兴趣的人，会需要与兴趣相关的物品。和朋友之间来往频繁与否，也会影响餐具的拥有方式。

为了让客户了解符合自己生活方式的物品拥有方式，必须询问其理想生活方式。

很多客户其实都未曾深入思考过这个问题。因此，需借助聆听客户的心声来让其模糊的理想具体化,让客户下定决心改善生活方式。

当顾问和客户对理想生活状态达成共识时,便能站在同一立场上来思考物品的必要性和非必要性。

接下来将进入实际整理的阶段。这时必须先将房子里的所有物品都拿出来,分出必需品和非必需品,并秉持会使用和不会使用的标准。若这些物品符合自己的生活方式,那就将它们放回原来的收纳场所;若这些物品是非必需品,则可直接将它们丢掉,或将它们放进6级使用频率的物品保管盒里。

让客户从一些小地方开始整理的方法非常有效。例如"今天从厕所开始",或"今天只整理厨房就好"。一次只整理一小块地方,比较容易令人体会到成就感。

厨房是必需品最多、最难整理的地方,因此一开始可以避开厨房,先从鞋柜或洗脸台开始整理。

为了让客户体验舍弃物品的感觉,可推荐对方去跳蚤市场或参加资源回收活动。

最终目标是让客户的
生活方式更理想

　　最后想谈谈整理收纳顾问对家庭提出建议时该有的目标，那就是"找到个人物品增加的原因，打造物品不易囤积的生活方式"。

　　生活在不同舞台上的人所需的物品数量也会不尽相同。年长的人虽然不需要太多物品，但若家中同时住着个年轻人，其家里可能就会有很多物品。

　　在这种情况下该如何维持不囤积物品的生活呢？这时，整理收纳顾问教给客户的整理技巧就显得相当重要了。

整理技巧是指让物与人之间能够有效互动的技巧。最先要教会客户的整理技巧是区分必需品和非必需品。

整理任何物品,都要从"区分"开始。会"区分"的人心中随时会有新的标准。

整理是和人心紧密相连的行为。为了拥有更美好的人生,每当遇到困难、被迫做选择时,必须能够不假思索地说出"我想要这么做",拥有明确的意图,才能朝着目标前进。

只要学会正确的整理方法,内心就不会迷惘,随时都能抱持积极、正面的生活态度。反之,若住在凌乱的房子里,当然不会有好的灵感或动力。整理能够给人带来许多可能。

整理收纳顾问是为了让客户的生活方式能够朝积极、正面的方向迈进的专家,肩负着相当重要的使命。

希望各位能够通过这类意义非凡的工作,帮助更多人找到他们人生中的重要转折点,并学会享受人生的乐趣。

附　录

图解整理收纳原理

图1展示的是物品未经整理的状态，其中方块代表必需品，笑脸代表非必需品。

图1　第一阶段

在第一阶段，必需品和非必需品处于混杂状态，当笑脸（非必需品）的数量远远超过方块（必需品）的数量时，必需品就会被非必需品掩埋（图2），变得难以整理，因此在开始动手整理之前，必须先清除非必需品。清除非必需品并非单纯地将非必需品丢弃这么简单，而是必须先找出非必需品囤积以及拥有它们的原因，追根究底，解决根本问题，才能做好真正的整理收纳。

第一阶段若置之不理，之后会变得更加杂乱。

图2　放任不管的第一阶段

第二阶段（图3），笑脸消失了。这时已经找到非必需品囤积的原因，并知道自己为何没丢弃这些物品。解决非必需品的问题后，不仅非必需品消失了，其他物品也会变得井然有序。清理非必需品能让原本杂乱无章的环境变得整齐划一。

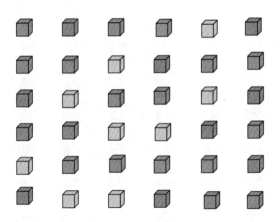

图3　第二阶段

现在你能马上算出上图中有几个方块吗？答案是能，共有6×6＝36个。其实在第一阶段，也有36个方块，只是因为凌乱的环境我们无法立刻算出方块数量，进阶到第二阶段后，方块数量便能一目了然。整齐有序的环境能让我们随时掌握物品数量，有效管控物品库存。

第三阶段（图4），方块按照颜色排列整齐，可看出这里总共有四种颜色。这时物品已经按照使用目的、使用频率及使用时期等要素分门别类。与第二阶段相比，此时不仅物品使用起来更加方便，环境也变得更加干净整齐。

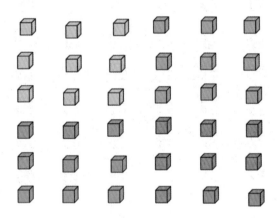

图4　第三阶段

整理基本上可以分为以上三个阶段，这些阶段就像楼梯间的平台一样稳定，一旦抵达较高的阶段，就不会再轻易往下掉，反过来说，要抵达下一个阶段，必须先走过好几层阶梯。

　　一旦抵达第三阶段，环境变得井然有序之后，便能立刻察觉到异物的存在，也能以第一、第二阶段无法想象的速度将异物排除。在一个整齐有序的环境中，不仅非必需品不容易堆积，整体环境也不易变得凌乱、无序（从图5中可以看出异物会显得非常明显）。

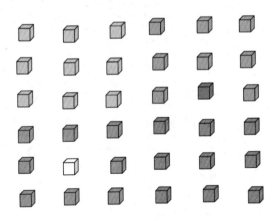

图5　出现异物的第三阶段

我们将物与人之间的关系简单分为四个区域（图6）。

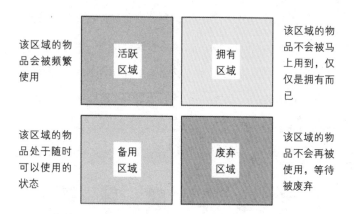

该区域的物品会被频繁使用

该区域的物品不会被马上用到，仅仅是拥有而已

该区域的物品处于随时可以使用的状态

该区域的物品不会再被使用，等待被废弃

图6　物与人之间的关系基本区域图

　　第一个区域为活跃区域，这个区域的物品会被频繁使用，能发挥其最基本的使命和功能，与此同时，人也会因为使用物品而感到满足。这个区域的物品与人之间的互动相当频繁，故称之为活跃区域。

　　绿色区域为备用区域。不难理解，我们不可能一次性将所有衣服都穿在身上，肯定会有一部分衣服存放在家里，等想穿的时候再拿出来穿，存放这些衣服的地方就是备用区域。备用区域的物品处于随时可以使用的状态，故这块备用区域是最需要用到整理收纳技巧的地方。

接下来是一般认为物品最多的一个区域，那就是拥有区域。拥有区域的物品和备用区域的物品一样，都是指放在家中或公司里不会立刻派得上用场的物品。或许有人会认为拥有区域和备用区域差异不大，但从整理的角度来看，这两者之间有着天壤之别。拥有区域的物品不会被马上用到，仅仅是拥有而已，很多时候我们会因为忘记它们被放在何处而东翻西找，更糟糕的情况是根本不记得自己拥有这件物品。拥有区域和备用区域的最大差别在于拥有区域的物品会让人出现"寻找"的行为，甚至有可能"重复购买"。

虽然图6中的每个区域大小相同，但事实上，各个区域的大小会因人而异，且从中可以看出这个人对待物品的习惯和生活方式。下面介绍几个典型的例子。

第一种模式是活跃区域最广的类型（图7）。人与物品之间互动多代表物品被使用的频率相当高，浪费较少。这种模式的人无论是在生活中还是工作中，都是活动量大、生产效率高的类型。这种模式的人拥有的物品数量是所有模式的人中最少的，从而可以看出其生活简单、质朴，能清楚区分必需品和非必需品，家中鲜少堆放废弃物品。因为其拥有的物品数量少，所以收纳空间也没必要很大，换种方式说，这种模式的人生活在一种可以提高工作效率的简洁环境中。显然，这种模式的人擅长整理收纳，和物品多的人相比，他们又会因为物品少而在整理收纳方面少花一些时间。总之，这种模式的人几乎无须找东西或收拾东西，而这可谓是最理想的状态。

　　第二种模式是备用区域最广的类型（图8）。备用区域的物品处于随时可以拿出来使用的状态，因此备用区域广意味着这种模式的人的收纳技术要比一般人高，且收纳空间也更大，这样他们才有办法收纳大量物品，并让物品处于随时可以取用的状态。这种模式的人爱惜物品，希望可以减少浪费，同时擅长整理，她们的收纳技术无人可出其右。不过，物品多代表收纳空间和花费在整理收纳上的时间也会增加，从成本上来看，有时可能会更加浪费而不自知。

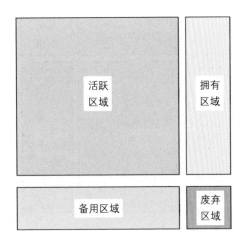

活跃区域最广。不被频繁使用的物品数量较少，备用区域也很

小。这种模式的人生活效率非常高，且生活方式简单。

这类人整理水平高，能轻松搞定整理工作。

图7　第一种模式

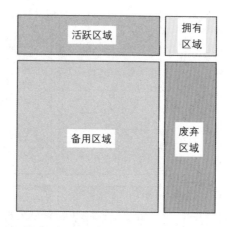

备用区域最广。这种模式的人整理能力强，且拥有较多物品。

这种模式的人可以舒适地生活，但需要足够的收纳空间及高超的收纳技术。

图8　第二种模式

第三种模式为拥有区域最广的类型（图9）。拥有区域的物品处于被搁置在一旁、无法随时取用，甚至可能会被遗忘的状态。这种模式的人的物品远多于前两种模式，多到无法掌控，因此在收拾物品时，人们往往直接将物品塞入收纳空间，而一旦开始这么做，之后便难以脱离这种模式，收纳空间会变为死空间，甚至有人会因此逃避整理收纳。若不明确必需品与非必需品的区分标准，就只能一味添购收纳柜、扩大仓库空间、寻找租借空间等，不断增加收纳空间。

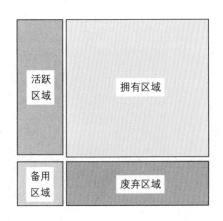

拥有区域最广。拥有的物品很多，但未经整理。

这种模式的人拥有物品的目的不明确，当务之急是减少物品数量。

图9　第三种模式

第四种模式是废弃区域异常广的类型（图10）。废弃区域的物品已丧失原本的功能，变成了垃圾。堆满垃圾的屋子是相当危险的,虽然此类案例非常罕见,但是如果平时就应该丢弃的物品因为舍不得而不丢弃的话,屋子里自然而然就会堆满垃圾。

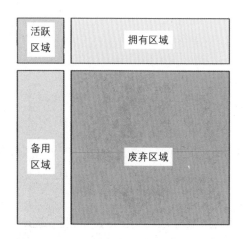

废弃区域最广。屋子里堆满了垃圾。

这种模式的人与物品的互动少,生活缺乏活力。

图10   第四种模式

整理收纳技巧的五大法则

这里所介绍的整理收纳技巧的五大法则，都是以人使用物品为前提的法则。物品要有人使用才能完成其基本使命。了解整理阶段和基本区域图之后，接下来该学习具体的整理技巧了。

五大法则相当于整理工具，一定会在实际整理收纳过程中派上用场。多多应用这些技巧，可让你和家人的居住环境质量得到质的提升。

〈五大法则〉

- ● 法则 1　确定适当数量
- ● 法则 2　规划符合动作、动线的收纳方式
- ● 法则 3　按照使用频率收纳
- ● 法则 4　分组收纳
- ● 法则 5　定位管理

整理收纳步骤

整理收纳步骤为整理收纳顾问要学习的理论之一（图11）。灵活运用这些步骤，可让家中所有地方都整齐有序。实践整理收纳步骤的同时，整理收纳技巧和解决问题的能力也能得到提升。整理收纳步骤和整理阶段、基本区域图一样，都是整理收纳顾问需要学习的重要理论，我们最好能按顺序认真学习并加以理解。

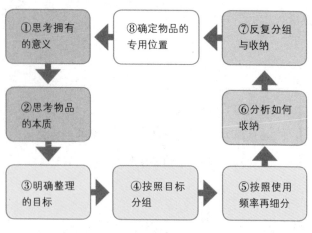

图11　整理收纳步骤